eat! at home.

今天，做西餐吧！

在這裡，向總是讓我開懷大笑的Elliott
以及總是支持我挑戰嶄新事物的家人們，
獻上最真摯的感謝！

My Cooking Philosophy
我的烹飪哲學

———

01. Salad 沙拉

———

02. Soup 湯品

———

03. Meat 肉料理

My Cooking Philosophy
我的烹飪哲學

Quick & Easy
簡單料理，讓人樂在其中

　　對我來説，「料理」是一種祝福。為了心愛的人或是自己去挑選、處理食材，烹調之後端上桌，能帶給我滿滿的幸福和喜悅。其實，我是在開竅之後才深陷於料理的魅力中。由於比其他人起步得晚，所以我拚命學習、補足自己的缺點，一邊做菜，也一邊徜徉在料理的領域中。與此同時，我時常思考、夢想著的，就是做到「簡單的料理」。

　　想在料理時能樂在其中，一定要簡化過程。畢竟生活已經夠辛苦了，要是還必須花很長的時間料理，只會讓自己更忙。就連將料理當成工作的我，做菜時也經常遇到時間不夠用的狀況。戈自己在招待客人時，真的很希望找到再簡單一點就能快速上桌、讓人可以開心料理的食譜。

　　不過有趣的是，給我許多靈感的反倒是手續繁複的法式料理。我在學習法式料理時，要準備的材料很多，料理步驟也相當複雜，不過我卻在這過程中學到了簡單料理的訣竅。不論任何領域都是如此，只要掌握原理和基礎，就能隨心所欲運用。我會一直思考：「我整理出的烹調原理和最基本的部分，可以讓看的人做出專屬於自己的料理嗎？沙拉淋醬的油和酸比例應該怎麼調整？煎牛排時最能鎖住肉汁的方法是什麼？特級初榨橄欖油和一般橄欖油的差別在哪裡？」我相信只要充分了解這些原理，每個人都可以輕鬆端出好味道，也更能享受料理的過程。

　　我將基礎烹調訣竅都整理在書中，也一併收錄了我運用哪些烹調技巧來做出個人特色料理食譜。我想，先看過烹調基礎（Basic）之後，再看怎麼應用（Apply），那麼閱讀這本書的所有人也都能輕鬆地運用自如。

　　而且，不需要具備一模一樣的食材，只要理解基本的概念就能自由發揮，並使用容易買到的當季食材。像是夏季很難買到草莓，就可以用葡萄或水蜜桃來製作沙拉。如果市場裡的鮭魚賣完了，就可以用鱈魚或鱸魚來煎魚排。製作沙拉淋醬時萬一沒有巴薩米克醋，也可以用蘋果醋或是梅子汁等材料自由替換。依照自己的狀況、做出富有創意的料理時，每個人一定都能從料理中，體驗到更深切、更美味動人的快樂。

The Beauty of Cooking
料理的美麗

　　最近美的東西特別受到矚目，人們樂於追求美的事物。料理也一樣，不僅要美味，如何上桌也變得非常重要。如果說人類的五官感受加總起來是 100 分，那麼視覺所占的比例就高達 87%。通常人都容易依照眼前看到的做出判斷，因此，現在的料理也不得不將視覺的感受考量在內。擺盤處理得細緻、有層次的美麗料理，還有食物、碗盤與背景搭配和諧的料理，都能成為視覺上的饗宴，同時也能提振食欲。所以我不只注重食物的調味，也在擺盤（Food Plating）上花很多功夫研究。

　　擺盤是陳列在碗盤上的設計，能讓料理更有質感。為了讓吃的人能用眼睛先品嘗，我也會處理視覺上的美味，重視程度不亞於味覺感受。想透過擺盤讓人胃口變好，該怎麼做呢？說實在的，我以前也常常對擺盤這件事感到茫然。我總是不斷煩惱：「該怎麼把這食物盛裝到盤子裡最適合呢？」有一點我很肯定的是，當我先想像這道料理應該要怎麼擺放，並嘗試將腦海中的畫面勾勒出來時，過程中就能慢慢掌握到擺盤的感覺。不需要弄得非常華麗、氣派，即使只是一道簡單的義大利麵，也可以撒上一些磨碎的羅勒葉，或是用筷子將麵條捲起來盛盤，呈現出簡約俐落的樣子……，只要從這些極小的細節開始嘗試就可以了。

　　對我來說，最能夠幫助我掌握擺盤感覺的，就是先打個草稿，畫出我想呈現的擺盤成品圖；或是在料理網站、料理書中找出類似的圖像。當我在餐廳裡看到很美的擺盤時，會仔細觀察並記錄，還有我也會分析沙拉、湯品、排餐等各式料理是不是有共通的擺盤原理，列出我個人的公式。當然，我也盡我所能地將這些個人公式，統統都收錄在書中囉！

　　該怎麼做才能讓食物以更美麗的姿態被端上桌呢？我能透過料理傳達自己的想法嗎？希望讀者也能像我一樣，擁有這些幸福的小煩惱。相信在思索過程中，料理會更美味，也能在記憶中為你增添一筆美麗的色彩。

Measuring
記量方法

計算粉狀食材時,將食材裝進量匙或量杯之後,再用筷子將表面刮平。計算液體食材時,就裝到再多一點就會滿出來的程度。

量匙

1 大匙(1TBS,1Tablespoon)指 15ml,1 小匙(1tsp, 1Teaspoon)指 5ml。

沒有量匙的話,可以用一般吃飯用的湯匙代替。將家裡的湯匙裝滿,分量就相當於 1 大匙。不過每個人家裡的湯匙大小都不太一樣,請一定要記得 1 大匙= 3 小匙。製作醬汁、淋醬時,可以參考這個比例來拌入食材,也可以各放進一點材料來調味,調出適合個人的口味。

量杯

1 杯(1Cup)是 200ml。

沒有量杯的話,可以用紙杯代替。一般常見的紙杯裝滿時,大概是 180 ～ 190ml 左右。

Mise en Place
事前準備

「Mise en Place」，在法文裡的意思是「一個地方裡的所有東西」，
而用在料理上的時候，也被拿來指在開始烹調之前，把所有料理需要用到
的材料、醬汁、高湯、湯鍋、平底鍋等都準備好在一個地方。並不是只有
要規劃動線、講求效率的餐廳需要這個方法，我們在家裡也常常需要同時
處理很多道菜，所以絕對需要這個概念。尤其是要用火烹調的菜色，如果
沒有正確掌握好材料放進去的順序，味道就會跑掉。因此即使只做一道菜，
我也一定都做好事前準備再開始。

我會先將食材處理過，調好醬汁，然後將湯鍋、刀具放在我可以立刻
拿到的位置。只要做好事前準備，就能縮短烹調的時間，也可以大幅降低
出錯的機會，讓你自由自在地享受在料理之中。

01.Salad
沙拉

Simple Salad Dressing
超簡單的沙拉淋醬製作公式

Dressing（淋醬）原本英文的意思是指穿著打扮，不過在料理中則扮演著讓沙拉滋味更提升一個層次的角色。

淋醬的種類豐富，需要用到的材料也非常多，使用時很難一次就備齊所有材料。可能因為這個原因，我問朋友們怎麼處理淋醬，他們大多是直接從外面買回家使用。不過只要學會基本的調醬關鍵，其實自己在家也能充分應用、輕鬆做出淋醬。

淋醬的基本比例，油：酸＝3：1或2：1

淋醬當中，最常使用到的就是油醋醬（Vinaigrette）。

油醋醬是將醋或檸檬汁加入油當中調製而成的。醋或檸檬汁在裡面扮演帶來酸味的角色，而在一般傳統上，油和帶酸味的材料（酸）的適當比例是3：1。不過我個人比較偏好清爽口感的淋醬，所以我會把油和酸的比例調成2：1（這完全是我個人的喜好）。

不僅是橄欖油，酪梨油、杏仁油、葡萄籽油等等，只要是植物性的油類都可以使用。我們熟悉的黑芝麻油、紫蘇籽油也是很棒的基底，裡面再拌入帶出口感的酸味材料，像是巴薩米克醋、雪莉醋、檸檬汁等即可完成。如果這時你沒有上述那些材料也別氣餒，沒有巴薩米克醋的話，可以用蘋果醋或是米醋代替。如果你偏好甜甜的淋醬，就可以在酸味裡再加點甜味，例如梅子醬、五味子醬、或是柚子醬等等。

用副材料變化出自己喜歡的味道

油裡加酸是淋醬的基本公式，現在要說的是在其中加入黃芥末醬、辣椒醬、大蒜、香草、蜂蜜等等，這些副材料能另外帶出醬汁獨特的風味。不管是把芝麻粒磨碎、放點鯷魚或是醬油都可以，能增添不同味道的材料都是不錯的選擇。建議大家可以多多嘗試各種不同的搭配，做出有濃厚個人特色的淋醬配方吧！

如果想品嘗到更美味的油醋醬

　　一般來說，油和酸不太能充分混合在一起。不過只有當淋醬充分混合時，才能完全搭配整體沙拉的味道，也才能防止葉菜類的蔬菜立刻變色。我的方法是把淋醬用到的所有材料統統放進密封的容器裡，不斷大力搖晃。要結合淋醬和其他食材的時候，我則會先把液體材料倒進一個大碗裡，先用攪拌器徹底拌勻，之後再加入其他材料。

除了油醋醬之外的淋醬製作原則

　　淋醬裡不用油，而是改用像美乃滋或優格這種乳狀材料的話，立刻拌入一些味道強烈的材料也很不錯。此時不用特別搖晃也能拌勻，所以會建議把乳狀的基底和其他材料的比例調到3：1。例如想製作柚子美乃滋淋醬，柚子醬的比例就可以是美乃滋的三分之一。

Step 1. **挑選基底**（油類或乳狀材料）　　　Step 2. **添加酸味**（乳狀基底可省略）

橄欖油　　芝麻油

酪梨油　　紫蘇籽油

美乃滋

優格

檸檬汁

萊姆汁

巴薩米克醋

葡萄酒醋

白酒醋

Step 3. 添加風味（乳狀基底可省略）

梅子醬

五味子醬

柚子醬

黃芥末醬

辣椒醬

大蒜

香草

紅蔥

蜂蜜

醬油

Salad Plating - The Beauty of Color
色彩的美麗

　　沙拉淋醬從逛市場的那瞬間開始就要決定好怎麼做，因為在沙拉的擺盤設計上，我會把重點放在「色彩」的搭配。

　　大部分的沙拉都不需要經過繁複的料理手續，而是會呈現出蔬菜原有的質感和型態。也因為如此，很難在料理的過程中做出什麼變化。另外，製作沙拉的基本材料是葉菜類的蔬菜，幾乎都是綠色系列，看到時會覺得食材新鮮，不過另一方面卻會覺得單調，所以我會加入一些在顏色上可以帶來「強烈效果」的食材，避免整體過於平淡。

沙拉的重點應用色

Red. 本身極為顯眼的紅色

　　紅色是能夠最先引起視覺反應的一種顏色，跟其他顏色放在一起也很顯眼。紅色食材種類很多，有番茄、櫻桃蘿蔔、紅椒、甜菜根、蝦子、石榴、蘋果等。

Orange. 刺激唾液腺的橘黃色

　　柳橙、杏桃、紅蘿蔔、黃番茄、黃椒等都是代表性的橘黃色食材，有刺激我們食欲的力量。所以有時我會用橘黃色的蔬菜、水果作為沙拉的基礎，再使用綠色蔬菜或是香草當作重點色。

Yellow. 給你滿滿能量的黃色

　　黃色是一種有活力的顏色。加在眼睛看起來最舒服的綠色之中，就會讓人覺得很有生氣。黃色食材有香蕉、鳳梨、蛋黃、松子、黃芥末、南瓜和玉米等。

　　在這裡提到各種顏色的食材，不是單純只為了讓沙拉看起來更美觀而已，將上面列舉的食物當作沙拉的副材料或配料時，也能帶來極致的味覺享受。希望大家也能運用色彩，讓沙拉變得更美麗、更美味。

Very Berry Salad
極致莓果沙拉

　　這道用藍莓（Blueberry）和草莓（Strawberry）做成的沙拉，我把它叫做「Very Good！Salad」。顏色鮮豔的藍莓和草莓，光是在顏色上就能讓人心情變好。不僅如此，結合優格淋醬時更是有夢幻般的滋味，是一道溫順爽口又甜蜜的沙拉。

分量：2人份 (SERVING : 2Person)

材料 INGREDIENT

藍莓 1/2杯

草莓 6～8顆

芽苗菜 1包
（100克）

瑞可塔起司 3大匙

杏仁片 2大匙

淋醬 DRESSING

原味優格 80～90克

藍莓 1/4杯

料理步驟 HOW TO COOK

1.準備材料

—將草莓切成4等分。

—用調理機把淋醬的藍莓和優格打好備用。

2.擺盤

—先將芽苗菜裝到盤子上。

—均勻放上草莓、藍莓、杏仁片和瑞可塔起司。

—淋醬另外盛盤端出。

Mimosa Asparagus Salad
含羞草蘆筍沙拉

　　有次我到義大利西西里島旅行的時候，看見滿山遍野綻放的含羞草花，覺得非常地動人。鵝黃色的含羞草花盛開在翠綠色山坡上，那鮮明的色彩對比，彷彿是一幅名畫。含羞草蘆筍沙拉，就是一道試著呈現當時風景的料理。利用一般人非常熟悉的「蛋黃」，也能有這般特別的滋味。

分 量 ： 2 人 份 (SERVING：2Person)

材料 INGREDIENT

雞蛋 2顆

蘆筍 500克

帕瑪森起司 1塊

鹽 1大匙

淋醬 DRESSING

特級初榨橄欖油 2大匙

檸檬汁 1大匙

鹽 1小匙

料理步驟 HOW TO COOK

1.準備材料
— 把雞蛋水煮至全熟後，取出蛋黃，用叉子壓碎。
— 去掉蘆筍尾端太硬的部分、切成同樣長度，洗淨備用。
— 用刨絲器或刨絲刀將帕瑪森起司刨絲，約2大匙。

2.烹調
— 在滾水中先加入1大匙的鹽，再放入蘆筍煮3分鐘左右至熟，撈出。
— 燙熟的蘆筍立刻泡冷水、瀝乾。
— 用大碗把特級初榨橄欖油、檸檬汁和1小匙鹽加在一起充分攪拌。或是裝到密封容器中大力搖晃均勻。
— 把蘆筍放入淋醬中拌勻。

3.擺盤
— 在盤子上將蘆筍一字排開。
— 撒上帕瑪森起司和蛋黃末收尾即完成。
— 如果想吃到口感軟一點的蘆筍，建議可以用刨刀稍微削去外皮再燙熟。

燙煮蔬菜時要注意，燙熟之後要立刻沖冷水、或是泡在冰塊水中。
這樣蔬菜才不會過熟，可以保留清脆爽口的口感。
將帕瑪森起司絲和蛋黃末撒在蘆筍的中間部分，
讓翠綠色和鵝黃色做出對比，視覺上更好看。

Olive Oil
特級初榨橄欖油 VS. 一般橄欖油

　　並不是名字叫橄欖油的商品,內容物就都相同。仔細看商品標示時,會看到有特級初榨橄欖油和純橄欖油等分類。

特級初榨橄欖油

　　特級初榨橄欖油(Extra Virgin Olive Oil)是第一次壓榨橄欖時萃取的油,沒有經過特別的煉製過程(化學處理或是熱處理),有獨特的味道、香氣以及營養價值。不過特級初榨橄欖油的發煙點比較低,大約在 160 ～ 180℃左右,不適合用來做熱炒或是油炸料理(溫度:170 ～ 200℃)。建議可以等烹調完食物之後灑一點在食物上,或是用來做淋醬都不錯。

* 什麼是發煙點?

　　指食用油加熱時開始燃燒、冒煙的溫度。每種油發煙點都不同。把油加熱到超過發煙點,食物就會大幅改變、失去原有的味道和香氣,所以高溫的油炸烹調會建議使用發煙點高的一般橄欖油、芥花籽油、葡萄籽油等。

純橄欖油

　　純橄欖油(Pure Olive Oil),或單純標示「橄欖油(Olive Oil)」、「經典橄欖油(Classic Olive Oil)」的產品,大多都是將橄欖果肉提煉 3 ～ 4 次後萃取出來的油。因為經過提煉過程,所以不像特級初榨橄欖油保有橄欖獨特的風味。不過純橄欖油發煙點在 210 ～ 240℃之間,拿來做油炸或熱炒類料理非常好用。

　　因應這兩種橄欖油的差異,我會把純橄欖油用在需要大火快炒或油炸的料理;如果食物已經盛盤、只需增添風味,就會使用特級初榨橄欖油。

Citrus Salad
柑橘沙拉

在陽光普照的日子裡,我就會做柑橘〔Citrus:柳橙、檸檬、葡萄柚等柑橘類水果〕沙拉。光是用看的就能讓人口水直流,是一道能提振食欲的料理。柳橙和葡萄柚富含水分,滋味酸酸甜甜的,不用特別做淋醬,只需要灑上一些特級初榨橄欖油就很美味。

分 量 : 2 人 份 (SERVING:2Person)

材料 INGREDIENT

葡萄柚 1顆
柳橙 1顆
芽苗菜 1/2包
(50克)
特級初榨橄欖油
3大匙

料理步驟 HOW TO COOK

1.準備材料
—葡萄柚和柳橙切去頭尾,立在砧板上之後,直切掉果皮,只留下果肉。
—去皮之後的葡萄柚和柳橙,切成0.5公分的薄片。

2.擺盤
—在盤子上將芽苗菜圍成一個大圓。
—把柳橙和葡萄柚輪流疊放上去。
—灑上特級初榨橄欖油收尾即完成。

在做柑橘沙拉的擺盤時,反而可以把綠色的芽苗菜當成重點色來運用。

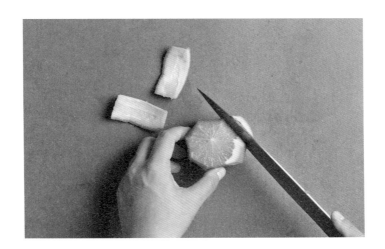

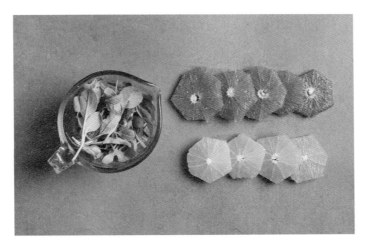

Quinoa Salad
藜麥沙拉

　　藜麥（Quinoa）是一種富含優質營養成分的穀物，甚至被稱為「上天賜予的禮物」。藜麥用途多元，可以加在飯、麥片、奶昔裡面，或是當成烘焙材料，不過我很喜歡把藜麥加進沙拉裡吃。藜麥一顆顆在嘴裡爆開的口感充滿驚喜感，而且還能帶來令人心情愉悅的飽足感，偶爾用來取代正餐也很不錯。

分 量 ： 2 人 份 (SERVING:2Person)

材料 INGREDIENT

藜麥 1杯

紫洋蔥 1/4顆

番茄 1顆

小黃瓜 1條

羅勒葉 10克

淋醬 DRESSING

特級初榨橄欖油
4大匙

巴薩米克醋 2大匙

梅子醬 1大匙
（自由添加）

料理步驟 HOW TO COOK

1.準備材料

—藜麥洗乾淨之後用篩網瀝乾。

—紫洋蔥去頭尾、外皮，番茄洗淨、去蒂，兩者皆切成大塊
　的丁狀。

—小黃瓜洗淨，切成1公分寬的方形。

—洗淨的羅勒葉留下一些小片葉子裝飾，其餘切碎備用。

2.烹調

—1杯藜麥加入3杯水（1：3的比例），用中火滾煮至熟。之
　後將熟藜麥放進冰箱冷藏降溫。

—等藜麥放涼，把特級初榨橄欖油、巴薩米克醋、梅子醬倒
　進一個大碗裡攪拌均勻。或是裝入密封容器裡大力搖晃。

—接著放入熟藜麥、番茄、紫洋蔥、小黃瓜和切碎的羅勒葉
　拌勻。

3.擺盤

—將沙拉盛盤，最後放上裝飾用的羅勒葉收尾即完成。

紫洋蔥的甜味比一般洋蔥強烈，也比較不辣，我很喜歡拿來跟沙拉一起生吃。
而且它顏色鮮豔，本身就可以成為很棒的擺盤。

Flower Salad
花沙拉

　　一道美麗的料理不僅可以襯托食物的味道，更能夠打動品嘗者的心。花沙拉的顏色繽紛燦爛，吃進嘴裡的瞬間，也會有心花怒放的感覺。慢慢品嘗各種不同香氣、不同味道的花朵，絕對是一場視覺、味覺的豐富饗宴。

分 量 ： 2 人 份 (SERVING:2Person)

材料 INGREDIENT

食用花 10～15朵
芽苗菜 1包
（100克）

淋醬 DRESSING

特級初榨橄欖油
2大匙
萊姆汁 1大匙

料理步驟 HOW TO COOK

1.準備材料
－將食用花稍微泡水洗過，用篩網瀝乾、去除水分。

2.烹調
－把特級初榨橄欖油和萊姆汁倒入大碗中攪拌均勻。或裝入
　密封容器裡大力搖晃。
－加入芽苗菜充分混合。

3.擺盤
－將沙拉盛盤，最後放上食用花收尾即完成。

Grape Salad
黃瓜圈葡萄沙拉

　　香甜的葡萄和清爽可口的小黃瓜，滋味意外和諧。將小黃瓜切成方塊狀，和葡萄、葉片蔬菜拌在一起也很好，不過如果用削皮器削成薄薄的黃瓜片圍住沙拉，吃起來會覺得更特別。

分 量 : 2 人 份 (SERVING:2Person)

材料 INGREDIENT

小黃瓜 1/2條

無籽葡萄 10～12顆

綜合葉片蔬菜
1/2包（50克）

瑞可塔起司 2大匙

淋醬 DRESSING

特級初榨橄欖油
2大匙

檸檬汁 1大匙

檸檬皮屑 1/2顆
（自由添加，作法
參考P53）

工具 TOOL

圓形模具或錫箔紙

料理步驟 HOW TO COOK

1.準備材料
—用削皮器將小黃瓜削成長條的薄片。
—部分的葡萄對半切，另一部分留整顆。
—葉片蔬菜用手撕成一口大小。

2.烹調
—把特級初榨橄欖油、檸檬汁和檸檬皮屑倒進一個大碗中攪拌均勻。或是裝入密封容器裡大力搖晃。
—加入葉片蔬菜、葡萄充分混合。

3.擺盤
—先將圓形模具放在盤子上，把拌好的蔬菜和葡萄一點一點放進去。
—小心地拿起模具，圍上2～3層的小黃瓜片。
—將瑞可塔起司分成5～6大塊放入即完成。

如果沒有圓形模具，也可以將鋁箔紙折成長條狀圍成一個圓圈來使用。
不喜歡小黃瓜的人，改用櫛瓜或茄子削成長薄片來圍也很不錯。

Homemade Ricotta Cheese
香氣濃郁、柔軟滑順的瑞可塔起司

　　料理中最讓我覺得幸福的一道食譜就是瑞可塔起司了。在製作香滑柔順起司的過程中，或是在完成那瞬間欣賞它雪白無瑕的樣子，都帶給我很大的快樂。瑞可塔起司製作起來非常容易，可以運用在沙拉、三明治、千層麵等各種料理中。

材料 INGREDIENT

牛奶 500ml

鮮奶油 250ml

檸檬汁（或醋）
2大匙

鹽 5克

工具 DRESSING

棉布

篩網

料理步驟 HOW TO COOK

1. 把牛奶、鮮奶油、鹽一起放入湯鍋中，小火慢煮並一邊輕輕攪動。
2. 鍋邊冒出細小的泡泡（在完全煮滾之前）時，加入檸檬汁再輕輕攪拌，讓它凝結，像嫩豆腐一樣。
3. 關火靜置20～30分鐘。
4. 將棉布鋪上篩網，小心地倒入步驟 3，過濾掉乳清。
5. 把棉布綁起來，放在冰箱冷藏一天左右，熟成之後就可以吃了。

經過滅菌處理的牛奶或是低脂牛奶做出來的起司，沒有一般生乳做的那麼香。
一定要用品質好的生乳製作！如果想讓起司更柔軟，只要縮短熟成時間即可。

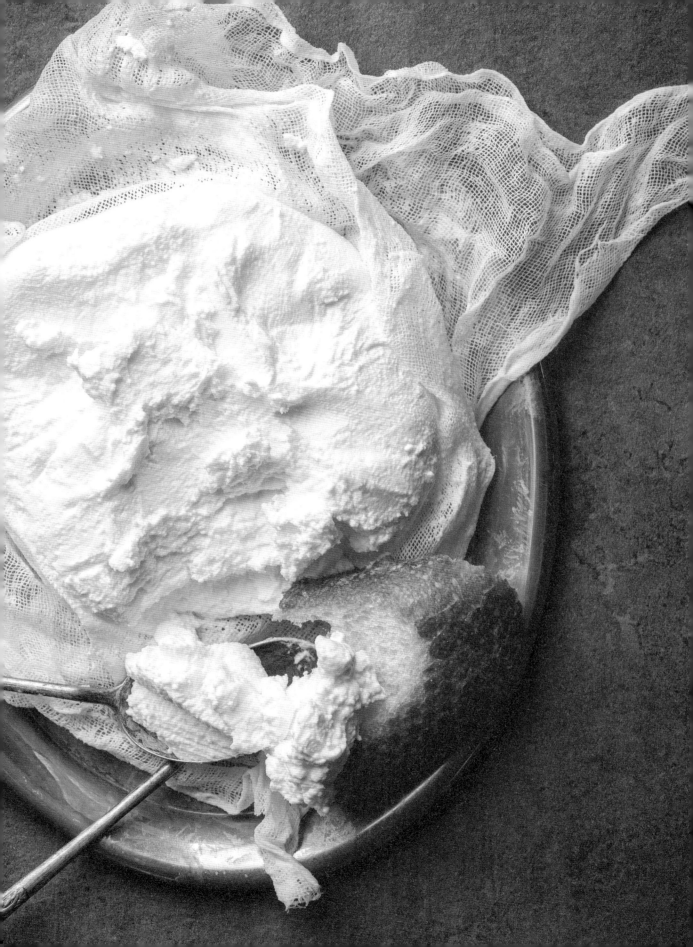

Lemon Zest
檸檬皮屑

檸檬皮屑（Lemon Zest）就像檸檬汁一樣，可以為食物添加豐富的香氣和風味，一般是指將檸檬皮磨成像粉末狀的食材。製作檸檬皮屑時最重要的就是要徹底去除附著在檸檬表面的果蠟，或是殘留的農藥。一起來用乾淨的檸檬皮屑，享受沙拉和魚肉料理的多變滋味吧！

材料 INGREDIENT

檸檬 5顆
（依照所需的量）

小蘇打粉 5大匙
（1顆檸檬用1大匙）

工具 TOOL

洗食材的刷子
不繡鋼刨刀

料理步驟 HOW TO COOK

1. 先用流動的水將檸檬清洗乾淨。

2. 將小蘇打粉撒在檸檬上，一顆一顆像是幫檸檬按摩一樣仔細搓洗乾淨。

3. 倒入溫水浸泡約30分鐘。這時可以蓋碗在檸檬上面，讓檸檬完全泡入水中。

4. 待30分鐘後，用洗食材的刷子再次把檸檬表面刷洗乾淨。

5. 洗淨的檸檬去除表面水分之後，使用削果皮專用的刨刀把檸檬表皮黃色的部分刨削下來。

如果沒有削果皮專用的刨刀，可以改用刀子將檸檬表皮的黃色部分削下來再切碎。

Poached Egg Bacon Salad
水波蛋培根沙拉

　　沒胃口的時候，就來顆水波蛋吧！光是看到金黃色的流動蛋黃，心情也會變得很好。水波蛋不僅適合沙拉、義大利麵、早午餐等料理，不論加在哪裡，都能讓人感受到蛋的清香和滑嫩的滋味，只要準備新鮮的雞蛋，就能輕鬆做出來。

材料 INGREDIENT

新鮮雞蛋 2顆
培根 2片
綜合葉片蔬菜 1包
（100克）
醋 1大匙
鹽、胡椒 適量

淋醬 DRESSING

特級初榨橄欖油
4大匙
白酒醋 1大匙
芥末籽醬 1大匙

料理步驟 HOW TO COOK

1.準備材料
－把雞蛋分別裝在小碗中備用。
－培根切成薄薄的條狀。
－葉片蔬菜洗淨，用手撕成一口大小。

2.烹調
－在乾鍋中直接把培根煎到稍微焦脆。
－拿深一點的湯鍋煮水，加入醋之後趁水滾開前、鍋邊冒出氣泡的時候，用筷子畫圈攪動水，形成漩渦。
－把蛋盡可能拿近水面，輕輕地放入。這時要用小火煮。
－為了不讓蛋裂開，繼續在蛋的周圍畫出漩渦。
－大約3～4分鐘之後用篩網將雞蛋撈出。
－把特級初榨橄欖油、白酒醋和芥末籽醬倒入大碗中攪拌均勻。或者裝入密封容器裡大力搖晃。

3.擺盤
－將葉片蔬菜盛盤，均勻撒上培根。
－放入完成的水波蛋，撒上一點鹽和胡椒。
－輕輕切開水波蛋讓蛋黃流出，再淋入醬汁即完成。

水波蛋一定要用新鮮的雞蛋才做得出來。
因為蛋放越久，蛋白就越沒有彈性，會容易裂開。
在烹調之前如果先把雞蛋放到篩網上，篩掉太稀的蛋白再煮，
就能更容易做出完美的水波蛋。

油和醋在結構上本來就容易分離、不好混合。
這時如果有「乳化劑」這個角色,就能在中間將兩者很好地連結在一起。
芥末籽醬就是能扮演這角色的食材。

Enjoying Fresh Vegetables
享受新鮮清爽的蔬菜

1. 浸泡在冷水中

蔬菜很快就會乾掉、變黃。這時可以在水中混入一點點醋和糖，大約是稍微可以感覺到味道的量，攪拌均勻再放入蔬菜浸泡。另外，泡在冰塊水或冷水中，也能讓蔬菜回到新鮮狀態。

2. 用手撕

結球萵苣、蘿蔓萵苣、菊苣等沙拉蔬菜在處理的時候，會建議不要用刀子切，用手撕比較好。比起用刀子切，用手撕更能順著蔬菜的紋理分開，所以比較不會枯黃或變色。

3. 上桌之前再拌入淋醬

淋醬裡面的油質成分會讓蔬菜馬上變黃、變爛，最好的解決方法就是上桌前再將沙拉拌入淋醬。當然有時也可以根據不同情況，把淋醬另外裝在醬碟中，不過為了讓整體都能入味，建議可以輕輕地將調勻的淋醬拌入蔬菜中再上桌。

Bacon Romaine Salad
培根蘿蔓沙拉

　　我會對培根這個食材有興趣,是看到了培根的製作過程才開始的。把帶皮的五花肉用鹽和各種辛香料醃製幾天的時間,洗淨之後冷藏乾燥,再用蘋果樹煙燻木燻製,整個過程必須付出許多心力。也許是被那份努力與認真打動了吧!我覺得光是把培根煎過,也能刺激用餐者的唾液腺,是個能感動人心的好食材。

材料 INGREDIENT	料理步驟 HOW TO COOK
培根 2片	**1.準備材料**
蘿蔓 2株	－將培根切成0.5公分的條狀。
刨絲的帕瑪森起司 2大匙	－用流動的水洗淨蘿蔓之後,對切成兩半。
	－把淋醬材料的美乃滋和芥末籽醬充分攪拌均勻。
淋醬 DRESSING	**2.烹調**
美乃滋 3大匙 （或是原味優格 3大匙）	－用乾鍋直接把培根煎到稍微焦脆。
	－放到餐巾紙上吸油,等它冷卻。
芥末籽醬 1大匙	
	3.擺盤
	－蘿蔓和淋醬拌勻之後盛裝到盤子上。
	－撒上培根和帕瑪森起司即完成。

　　如果想做口感更清爽的淋醬,可以用原味優格取代美乃滋,做不同的變化。

Shrimp Avocado Salad
鮮蝦酪梨沙拉

　　口感 Q 彈的鮮蝦加上柔軟滑順的酪梨，組合起來的滋味絕妙。不僅是口感，在營養和色彩搭配等各方面都是如此。在其中加入一些櫻桃蘿蔔和紅脈酸模（Red Sorrel），就可以完成一道特別的餐點。

材料 INGREDIENT

冷凍去殼蝦仁 6隻

酪梨 1顆

芽苗菜 1包
（100克）

櫻桃蘿蔔 2顆

橄欖油、鹽、胡椒
適量

紅脈酸模（裝飾
用，自由添加）

淋醬 DRESSING

特級初榨橄欖油
2大匙

白酒醋 1大匙

料理步驟 HOW TO COOK

1.準備材料
—將冷凍去殼蝦仁泡入冷水1～2小時解凍，用餐巾紙擦乾。
—酪梨去皮、去籽後，切成一口大小。
—櫻桃蘿蔔切成薄片。

2.烹調
—平底鍋中倒入適量橄欖油拌炒蝦仁至熟透，用鹽和胡椒調味之後撈出盛盤。
—特級初榨橄欖油和白酒醋倒入大碗中攪拌均勻。或是裝到密封容器中大力搖晃。
—放入芽苗菜、蝦仁、櫻桃蘿蔔和酪梨充分混合。

3.擺盤
—把拌好的沙拉、紅脈酸模盛裝至盤子上。
—擺盤時要同時能看見櫻桃蘿蔔、鮮蝦和酪梨。

去殼蝦仁買來時，蝦頭、蝦殼和腸泥已經清理乾淨，可以讓烹調變得更簡單。
將蝦仁分成一次使用的量，分裝保存，要用時再泡冷水1～2小時解凍即可。

Vegetables Loved by Chefs
主廚鍾愛的蔬菜

綠捲鬚（Frisee）、櫻桃蘿蔔（Radish，又名西洋蘿蔔）、紅脈酸模（Red Sorrel）、紅蔥（Shallot，又名珍珠洋蔥）。在各種蔬菜中，這幾種是主廚們在擺盤時經常使用到的特殊蔬菜。

綠捲鬚

外觀長得像是淡綠色和淡黃色的捲髮。顏色漂亮、可以帶來很棒的立體感，經常被用在沙拉中。

櫻桃蘿蔔＆紅脈酸模

櫻桃蘿蔔和紅脈酸模的共通點就是都擁有小巧可愛的尺寸，還有深紅色的外表。只要放上幾片薄切的櫻桃蘿蔔或是紅脈酸模葉，整道料理馬上變得令人驚艷。常被當成各種料理的裝飾。

紅蔥

紅蔥味道比一般的洋蔥更香甜。不僅可以當作裝飾，還可以運用在整套的法式料理，像是醬汁、濃湯和義大利麵等等。

Shallot 紅蔥

Frisee 綠捲鬚

Radish 櫻桃蘿蔔

Red Sorrel 紅脈酸模

Vegetable Stick
蔬菜棒佐蘋果優格醬

　　一一品嘗四季時令蔬菜的滋味，真的非常美味。一道蔬菜棒料理，就能完全享受蔬菜本身的味道。可以當成無負擔的點心，也可以當成下酒菜、開胃菜，功能相當多元。

材料 INGREDIENT

迷你紅蘿蔔 3～4條
（或一般紅蘿蔔
1/2條）
黃金白菜　1/4顆
西洋芹 2株
櫻桃蘿蔔 2顆

淋醬 DRESSING

原味優格 3大匙
美乃滋 1大匙
蘋果 1/2顆

工具 TOOL

削皮器

料理步驟 HOW TO COOK

1.準備材料
－用削皮器削掉迷你紅蘿蔔的外皮。如果是一般紅蘿蔔，削
　皮後直切成1/4大小的長條狀。
－剝下黃金白菜的葉片洗淨後備用，挑比較裡面的葉子。
－西洋芹洗淨後，只取莖的部分，切成1/3～1/4長段。
－櫻桃蘿蔔對半切開。
－蘋果去皮、去籽之後切成細末。

2.烹調
－把淋醬材料的優格、美乃滋和蘋果充分混合均勻。

3.擺盤
－將蔬菜盛盤，淋醬另外裝在小碗中。

Sauce Plating
醬汁盤飾

　　活用尖口的醬料瓶，就可以自由地用醬汁畫出點、線和各種圖形。不僅是巴薩米克醋膏，或是牛排醬，比較濃稠像是番茄醬、美乃滋等醬料，任何醬汁、醬料都可以運用。

　　大家可以將各種不同的醬汁用罐裝保存，之後要做盤飾時就可以拿出來使用。不用羨慕外面的餐廳，在家裡就能完成出色擺盤。

Caprese Salad
卡布里沙拉

　　由新鮮番茄、莫札瑞拉起司和清香羅勒葉製作而成的卡布里沙拉，不論是誰都會一吃就愛上它。完整呈現每樣食材原本的味道、而且相當容易完成，只要使用不同顏色的小番茄，加上醬汁的線條，視覺效果就會更搶眼、美麗。

分 量 ： 2 人 份 (SERVING:2Person)

材料 INGREDIENT

各色小番茄
10～14顆

莫札瑞拉起司
20克

羅勒葉 10片

特級初榨橄欖油
1大匙

淋醬 DRESSING

巴薩米克醋膏
3～4大匙

**擺盤工具
PLATING TOOL**

尖口醬料瓶

料理步驟 HOW TO COOK

1.準備材料

—準備各種顏色的小番茄洗淨，並切成各種不同的大小。不僅顏色，如果連尺寸也做些變化，享用時就會更具趣味。

—把莫札瑞拉起司切成小的方塊狀。

—留下小片羅勒葉作為裝飾，大片葉子則可以用手撕碎。

—將巴薩米克醋膏裝入尖口醬料瓶中備用。

2.烹調

—把小番茄、莫札瑞拉起司、羅勒葉、特級初榨橄欖油放入碗中攪拌均勻。

3.擺盤

—用巴薩米克醋膏在盤子上畫出2～3圈的大圓。

—圓圈中間放上拌勻的沙拉，最後再放上裝飾用的羅勒葉即完成。

巴薩米克（balsamico）在義大利文的意思是「香氣濃郁」，用來指香氣撲鼻、味道濃郁的頂級葡萄醋。巴薩米克醋是將甜味很重的葡萄汁放入木桶中，經過好幾次手續換到各種不同木質桶子中進行熟成的一種陳年葡萄酒醋。

這種巴薩米克醋越熬煮，酸味會越低，甜味則會越重。用中小火將巴薩米克醋煮到剩下原本的一半量，就可以加入微量的蜂蜜，做成巴薩米克醋膏。

如果是到賣場購買巴薩米克醋膏，可以買塑膠瓶包裝的，這樣就不需要另外再將巴薩米克醋膏裝在醬料瓶中，使用起來很方便。

Champagne brunch
香檳早午餐

記得我到奧地利首都維也納旅行的時候，當時我們住的並不是一間高級旅館，不過印象中早餐時光我心情特別好。最重要的是，那裡從早上就提供無限量的香檳，新鮮的水果、沙拉、起司配上香檳，非常有效地喚醒了我身上每個沉睡的細胞。那時的記憶非常美好，所以偶爾我在星期日的早晨也會享受一下香檳早午餐。

口感清涼的香檳，跟海鮮、肉類，甚至甜點等各種不同的食物都很合得來，深具魅力。我自己偏好乾香檳（Dry Champagne，甜度稍低），喜歡搭配像是扇貝之類的海鮮料理，或是做些簡單的沙拉跟香檳一起享用。因為是輕鬆的早午餐，所以每次朋友聚餐大家都會輪流準備美味佳餚，彼此分享。和香檳共度的週日早午餐，總是笑聲不斷。

香檳（Champagne）這個詞彙，單被用來稱呼在法國香檳地區，用傳統釀造法生產的氣泡酒（Sparkling Wine，發泡性酒類）。氣泡酒的名稱依據生產國家的不同，會因為當地的語言有些微的不同，代表性的像是法國（除了香檳地區以外）叫做克雷蒙（Cremant）、西班牙叫做卡瓦（Cava）、義大利叫做斯布蒙特（Spumante），而德國則叫做錫可（Sekt）等等。

鎮定安神的尤加利樹（Eucalyptus）

在餐桌上，我都盡量不擺放香氣過於強烈的植物，不過尤加利樹是個例外。尤加利樹經常被使用為天然鎮定劑，用它來裝飾餐桌，瞬間就能消除身心的壓力。我會剪下 2 ～ 3 束的尤加利樹葉擺放在餐桌中間，往桌子兩旁延伸，再放上小朵的玫瑰作為重點裝飾。

一朵鮮花的禮物

用餐結束之後，我會將靠近每個人位置上的花當作禮物送給來用餐的客人。雖然只是一朵花，不過從看見它的那刻開始，到吃飯時間、還有回到家之後，我相信大家都會因為那一朵花而感受到幸福。

擺好餐具

「Cutlery」，狹義是指可以用來切食物的刀具，不過一般統稱刀具、叉子、湯匙等餐桌上會用到的銀器餐具（Silverware）。西式餐桌有西式的用餐禮儀，會將餐刀的刀刃朝內、擺放在右側，叉子放在左側。湯匙則放在餐刀右側即可。

沙拉在上桌前再拌

沙拉要在上桌之前再跟淋醬拌勻，才能享受到最新鮮的味道。我和朋友們一起準備早午餐時，我會準備一個大碗，將沙拉拌好之後立刻分著享用。我覺得這是最能夠享受美味沙拉的祕密技巧。

02.Soup
湯品

Homemade Chicken Stock

Vegetable Stock

Chicken Soup

Edible Flowers Loved By Chefs

Pumpkin Soup

Mushroom Soup

Onion Soup

Broccoli Cream Soup

Homemade Chicken Stock
自製雞高湯

若少了用新鮮食材直接做出來的美味高湯，就絕對呈現不出高水準料理。
　　　　　　　　　　　　－奧古斯都 ‧ 愛斯克菲爾 Auguste Escoffier

　　法式料理巨擘奧古斯都 ‧ 愛斯克菲爾所說的這句話，我完全支持並同意。在學習法式料理時，我親身體驗到能添加料理豐富美味的高湯有多麼重要。不過，把角色換到天天在家準備三餐的主婦立場時，每次料理都要先將牛骨煎過、用文火慢燉 9 個小時後做出牛高湯（Brown Veal Stock）；或是用去除血水的雞骨製作雞高湯（Chicken Stock），這完全是不可能的事。我一直思考：「怎麼樣可以使用更容易買到的食材，用更簡單的方法製作高湯呢？」經過了不斷嘗試錯誤之後，我寫出了這道簡單版的雞高湯食譜。

　　這項食譜，用一隻雞就可以輕鬆做出雞高湯。雞高湯一次做起來後，放冷藏可以保存一個禮拜，放冷凍則可以保存一個月的時間。

材料 INGREDIENT

全雞 1隻

大顆洋蔥 1顆

大條紅蘿蔔 1條

西洋芹 2株

大蒜 4顆

月桂葉 2片

胡椒粒 10粒

巴西里 5株
（或是百里香，
自由添加）

料理步驟 HOW TO COOK

1.準備材料

—將整隻雞去除內臟之後清洗乾淨。

—洋蔥去頭尾、外皮；紅蘿蔔去外皮；西洋芹去老莖，均切
成大的塊狀；大蒜去頭尾、外膜。

2.烹調

—所有材料放入大湯鍋中。

—倒入冷水、蓋過所有材料，以文火慢燉約1個小時左右。注
意不要讓湯整個沸騰起來。

—過程中隨時撈掉浮到表面上的泡泡。

—經過1小時文火慢燉完把火關掉，靜置讓雞高湯自然冷卻。

—用密的篩網過濾後即為高湯。燙過的雞肉剝下來，之後可
以運用在其他料理中。

熬煮高湯時，最重要的就是要小心不要讓湯整個沸騰起來。假如湯沸騰、大滾起來，高湯就會變得混濁。用篩網過濾的時候也一樣，絕對不要去壓蔬菜或是雞肉，建議放著讓高湯自然流過即可。

但如果連簡單版的雞高湯也覺得很麻煩怎麼辦？我在7年的上班生活中感受過，雖然我非常喜歡料理，不過實際下班回家之後，連要做個炒飯來吃都會覺得非常辛苦。我看那些帶小孩的朋友們也是一樣，在忙碌的日常生活中煮飯時，真的需要可以更方便、更快速完成的料理。如果你也處在這種狀況的話，我會建議你果敢地把自己做雞高湯這件事忘了吧！

最近有越來越多使用好食材製作的雞湯產品，不管是固體型態的湯塊，或是果凍型態、液體型態都可以，在需要雞高湯時善用這些產品來替代，用熱水溶解後稍微做些清淡的調味就可以放一旁備用了。

Vegetable Stock
3 種材料製成的蔬菜高湯

　　這個蔬菜高湯,是我去以產紅酒聞名的義大利奇揚地地區上料理課程時學到的食譜。這個版本非常簡單,義大利人每天在家裡都會用到。可以廣泛地應用在燉飯、湯品、義大利麵等義大利料理中。

材料 INGREDIENT

西洋芹 2株

紅蘿蔔 1條

洋蔥 1顆

水 13杯

料理步驟 HOW TO COOK

1. 將所有蔬菜洗淨,西洋芹去老莖;紅蘿蔔去外皮;洋蔥去頭尾及外皮,均切成大的塊狀。

2. 倒入冷水,以文火慢燉約1小時左右。注意不要讓湯整個沸騰起來。

3. 烹煮過程中隨時撈掉浮到表面上的泡泡。

4. 關火後等高湯慢慢冷卻再過濾。

Chicken Soup
雞肉湯

　　大家小時候讀過最感動的一本書是什麼？想必很多人都會回答《心靈雞湯》吧？對於當時的我來說，那些文字真的帶給我內心很大的安慰，可能也因為這樣，我只要喝下一碗暖暖的雞肉湯，就會覺得連心也暖了起來。

分 量 ： 4 人 份 (SERVING:4Person)

材料 INGREDIENT

全雞 1隻
雞高湯 4杯
（作法參考P85）
洋蔥 1顆
紅蘿蔔 1條
西洋芹 1株
大蒜 2顆
筆管麵 2杯
巴西里末 2大匙
鹽、胡椒 適量

料理步驟 HOW TO COOK

1.準備材料
－雞煮熟了之後剝下雞肉（可運用製做雞高湯的雞）。
－將洋蔥切成條狀。
－紅蘿蔔和西洋芹各切成0.5公分厚的片狀。
－大蒜切成薄片。

2.烹調
－依照包裝上的時間將筆管麵煮熟，撈出、瀝乾備用。
－將雞肉、洋蔥、西洋芹、紅蘿蔔、大蒜、雞高湯放入湯鍋中，用中火煮到蔬菜變熟後，用鹽、胡椒調味。
－過程中隨時撈掉浮到表面的泡泡。

3.擺盤
－筆管麵裝入盤子中，再倒入煮好的雞肉湯。
－最後撒上巴西里末收尾即完成。

Edible Flowers Loved By Chefs
主廚鍾愛的食用花卉

　　踏進高級餐廳的時候，經常可以看見食用花卉，像是漂浮在湯品上的花、撒在沙拉上的花，還有放在牛排旁邊跟醬汁一起做裝飾的花等等。食用花卉不僅擁有華麗的色彩和隱約的香氣，其中還含有蛋白質、維生素、礦物質等優質的營養成分。近來食用花卉的需求也逐漸增多，甚至在一些大賣場、網路商店等都很容易就能買到食用花卉。不過要留意的是，花卉即使冷藏保存還是會立刻枯黃，所以建議用完剩下的花卉要跟水一起冷凍保存，這樣就可以享用美麗的花卉冰塊了。

Pumpkin Soup
南瓜濃湯

　　家裡有人生病不舒服的時候，我一定會立刻煮南瓜濃湯給他。南瓜裡有豐富的維生素 C 和維生素 E，可以增強免疫力，也可以促進血液循環。而且南瓜軟綿綿的口感加上甜甜的味道，能讓吃到的人覺得幸福。善用食用花卉和奶油裝飾，會更令人喜愛。

分 量 : 2 ～ 3 人 份 (SERVING:2～3Person)

材料 INGREDIENT

南瓜 1顆

蔬菜高湯 2杯
（作法參考P89）

牛奶 2杯

洋蔥 1/2杯

奶油 1大匙

橄欖油、鹽、胡椒
適量

裝飾 DECO
（自由添加）

食用花卉 適量

奶油 1小匙

料理步驟 HOW TO COOK

1.準備材料
－將南瓜放入微波爐加熱2～3分鐘，等南瓜變軟之後去掉外
　皮和籽，切成大的塊狀。
－洋蔥切成細條狀。

2.烹調
－把1大匙奶油和橄欖油倒入湯鍋中，先將洋蔥條炒過。
－等洋蔥變透明時，放入南瓜轉中火稍微翻炒一下。
－將蔬菜高湯倒入炒過的南瓜中熬煮。
－南瓜軟爛了之後，倒入牛奶，轉小火將濃湯煮滾，再用手
　持攪拌機打成泥狀。
－繼續熬煮到個人喜歡的濃稠度。
－用鹽、胡椒調味。

3.擺盤
－把濃湯盛裝到碗中。
－在濃湯中心點放上1小匙奶油，用筷子繞出螺旋狀的花紋。
－最後放上食用花卉收尾即完成。

南瓜很硬，在沒煮過的狀態下很難切開去籽。
用微波爐稍微加熱軟化再切開，就會比較好處理。
如果想喝更濃稠一點的濃湯，可以把牛奶換成鮮奶油來烹調。

Mushroom Soup
三菇濃湯

如果有人要我從菇類料理中挑出印象最深刻的一道，我會說是在韓國廚神權英民（Edwards Kwon）的餐廳「lab24」裡吃到的「白醬蘑菇」（Mushroom Veloute）。這道料理有滿滿的蘑菇香，讓人心情愉悅，而且風味濃郁有層次。三菇濃湯，就是我在品嘗白醬蘑菇時得到靈感而設計的一項湯品。在最後滴上一點松露油（Truffle Oil），就會更美味。

分量：2～3人份 (SERVING:2～3Person)

材料 INGREDIENT

三種菇類 200克
（蘑菇、秀珍菇、
鴻喜菇）

水 2杯

鮮奶油 1杯

洋蔥 1/2顆

橄欖油、鹽、胡椒
適量

裝飾 DECO
（自由添加）

培根 1片

鴻喜菇 少許

松露油（或特級初
榨橄欖油） 1大匙

料理步驟 HOW TO COOK

1.準備材料
－將菇類用餐巾紙擦拭乾淨。蘑菇直切成4等分
－將秀珍菇對半切。
－切掉鴻喜菇的底部後一一剝開，保留一部分菌傘裝飾。
－洋蔥去頭尾及外皮，切成細條狀。
－把培根切碎。

2.烹調
－把橄欖油倒入湯鍋中，翻炒洋蔥。
－等洋蔥變軟時，加入所有菇類一起炒。
－菇類熟了之後加水，轉中火煮到水剩下一半的量。
－加入鮮奶油煮滾，再用手持攪拌機打成泥狀。
－熬煮到個人喜歡的濃稠度。
－用鹽、胡椒調味即可。
－平底鍋中放一點橄欖油，將裝飾用培根炒過。

3.擺盤
－把濃湯盛裝到盤子中。
－用培根、鴻喜菇（生的），和松露油裝飾即完成。

不是一定要用蘑菇、秀珍菇、鴻喜菇，可以用自己喜歡的菇類，也能自由調整用量。
想喝到更滑順的濃湯，可以先用攪拌機打碎磨勻之後，用密篩網濾過再煮一次。

Onion Soup
洋蔥湯

美味洋蔥湯的重點，就是要將洋蔥充分拌炒過！不斷均勻翻炒，直到
洋蔥整體的顏色變成咖啡色時，最能夠帶出洋蔥本身的甜味。

分 量 ： 2 ～ 3 人 份 (SERVING:2～3Person)

材料 INGREDIENT

洋蔥 2顆

奶油 2大匙

白酒 1/2杯

雞高湯 4杯
（作法參考P85）

磨碎的葛瑞爾起司
（或是莫札瑞拉起
司） 1/2杯

鹽、胡椒 適量

巴西里末 1小匙

香蒜麵包
GARLIC BAGUETTE

法式長棍 6～8片

橄欖油 1/4杯

蒜末 3大匙

鹽 1小匙

料理步驟 HOW TO COOK

1.準備材料

—將烤箱預熱到200℃；或以200℃加熱10分鐘。

—洋蔥去頭尾及外皮，切成細絲。

—法式長棍麵包斜切1公分薄片。把橄欖油、蒜末、鹽攪拌均
勻之後做出香蒜醬。

2.烹調

—開火把奶油放到湯鍋中，融化後放入洋蔥拌炒。小心不要
讓洋蔥燒焦，以小火烹調且不斷攪拌翻炒，等所有洋蔥都
變成咖啡色。

—洋蔥整體變成咖啡色之後，一點一點地加入白酒。這時稍
微黏到鍋子的部分就會因為加入白酒而分開，均勻攪拌一
下洋蔥就自然能吸收到白酒。

—加入雞高湯，以小火慢慢滾煮。

—用鹽、胡椒調味即可。

—把香蒜醬倒入平平的盤子中，並將麵包片其中一面沾滿。

—平底鍋預熱後，麵包沾醬的那面朝下，烘烤至香味逸出。

—接著將另一面也烤到呈現金黃色。

—將洋蔥湯盛裝到碗中，加上麵包片和起司之後，放入烤箱
烤到讓起司融化。

3.擺盤

—從烤箱中拿出，撒上巴西里即完成。

如果不想做香蒜麵包，在平底鍋中放些奶油，
融化後放入麵包煎過也很不錯。
沒有烤箱的話，可以將洋蔥湯放入微波爐加熱讓起司融化。

Broccoli Cream Soup
綠花椰奶油濃湯

把綠花椰菜燙過之後，很簡單就可以做出來的一道料理。在早餐或點心時間享用，也能非常有飽足感。

分 量 ： 2 人 份 (SERVING:2Person)

材料 INGREDIENT

綠花椰菜 1/2顆

鮮奶油 1杯

蔬菜高湯 1杯
（作法參考P89）

洋蔥 1/2顆

大蒜 3顆

橄欖油、鹽、胡椒
適量

料理步驟 HOW TO COOK

1.準備材料

—所有材料洗淨。切下綠花椰菜的花穗部分，莖的部分削皮
  後切成塊狀。

—洋蔥去頭尾及外皮，切細條狀。

—大蒜去頭尾及外膜，切成薄片。

2.烹調

—留下一朵綠花椰菜做裝飾，其餘放入鹽水中汆燙過。

—將橄欖油倒入湯鍋中，翻炒大蒜和洋蔥。

—洋蔥變透明後加鮮奶油與蔬菜高湯，以文火煮1～2分鐘。

—把燙過的綠花椰菜放入湯鍋中，用手持攪拌機打勻。

—熬煮到個人喜歡的濃稠度。

—用鹽、胡椒調味即可。

3.擺盤

—將濃湯盛裝到碗中。

—正中央的地方放上剛剛預留的花椰菜當作裝飾即完成。

善用微波爐，將綠花椰菜燙熟就會更簡單。
將綠花椰菜切好之後裝到有蓋子的碗中，
加入1大匙左右的水微波約2～3分鐘即可。

如果想喝清淡一點的湯品，可以用牛奶取代鮮奶油。

03.Meat
肉料理

How to Perfectly Cook Steak
煎出完美牛排的方法

　　我經常會邀請客人來家裡坐坐、吃個飯，所以在研究如何煎出極致美味的牛排這方面，我有非常強烈的企圖心。牛排算是一道很簡單的料理，不過要在家裡煎得剛剛好卻沒有想像中簡單。我之前有過許多失敗經驗，所以每次要煎牛排時我都很煩惱。我常想：「家庭裡的烹飪火力一般都比餐廳來得小，該怎麼做才能煎出外酥內嫩的牛排呢？用什麼方法烹調才能讓牛排更美味呢？」於是我找出各大名廚、化學家、研究家推薦的一些「牛排美味處理法」，實際嘗試、比較分析之後，整理出以下四點。

1. 牛排至少要在開始煎的 45 分鐘前用鹽醃好

　　真的沒時間的話，也可以在煎之前處理。被譽為料理聖經的《料理實驗室》（The Food Lab）作者傑・健治・羅培茲－奧特（J. Kenji Lopez-Alt）認為：「肉類撒了鹽巴後，會因為滲透壓現象讓肉裡面的水分往外流；不過如果超過 40 分鐘，大部分流出來的水分就會重新被吸收回肉裡面。同時在這過程中，鹽分會擴散到肉質整體的肌理、完全入味。」因此會建議在開始煎牛排之前 45 分鐘，就要先用鹽巴醃製，不過如果沒時間等，到要煎之前再用鹽巴醃製反而比較好。

2. 鍋中倒入油後，等預熱到冒煙時再放肉，可以讓肉的表面先變熟

　　用大火在最短時間內將肉的表面烤熟、鎖住肉汁，這個烹調方法叫做炙燒（Searing）。很多主廚喜歡用這種方法讓牛排在非常高溫的狀態下先炙燒過，再轉中小火讓裡面的肉熟透。因為炙燒時肉的表面會立刻變得結實，可以鎖住肉裡面所含的肉汁。此外，還能讓肉料理表面變得香脆，很多人都喜歡這樣的牛排口感。

3. 牛排起鍋前的 1 ～ 2 分鐘，加入奶油使其融化，增添美味與香氣

　　奶油可以增添牛排的風味，不過因為奶油發煙點低，很容易燒焦，因此會建議等牛排準備要起鍋的幾分鐘之前再放入奶油讓它融化，並用湯匙淋在牛排上。這種法式的烹飪方法又被叫做油淋法（Arroser），除了奶油，如果再加上大蒜、或是迷迭香等香草入味的話，滋味會更棒。

4. 剛煎好的牛排在常溫下靜置 5 ～ 10 分鐘之後再上桌

　　為了不要讓煎牛排過程中集中到中間的水分在切開享用時一次流光，上桌前需要先在常溫下放 5 ～ 10 分鐘以上。這個過程又被稱為靜置（Resting）。經過這個流程之後，肉汁就會均勻地分散到整體的牛排中，不會流失。

Roasted Garlic
烤蒜球

最適合用來搭配牛排、燉飯等料理的就是蒜球了！用烤箱烤熟大約需要 20 ～ 30 分鐘的時間，不過用微波爐加熱的話，只需要 2 ～ 3 分鐘就可以完成。將微波爐煮熟的蒜球切開之後，灑上特級初榨橄欖油來享用吧！除了是一道很棒的配菜之外，它本身也可以成為一道很不錯的佳餚。

分 量 ： 5 ～ 6 人 份 (SERVING : 5 ～ 6 Person)

材料 INGREDIENT	料理步驟 HOW TO COOK
蒜球 10顆	一用餐巾紙將洗淨的蒜球表面擦拭乾淨。
特級初榨橄欖油 3大匙	一把蒜球裝進塑膠袋中，開口呈現稍微打開的狀態，放入微波爐中加熱2～3分鐘。每顆蒜球的大小，還有每台微波爐的強度都不一樣，建議先加熱2分鐘確認看看時間夠不夠。
鹽、胡椒 適量	一把用微波爐煮熟的蒜球放涼之後，從中間橫切成一半。
	一最後灑上特級初榨橄欖油，再撒上鹽和胡椒調味即完成。

Tenderloin Steak with Whole Garlic
里肌牛排佐烤蒜球

　　口感柔嫩的頂級里肌牛排，內含的脂肪較少，所以牛肉特有的風味也
會淡一點，不過肉質絕對是最鮮嫩的。里肌肉要是煮得太久，肉質就會過
韌，會建議煎到五分熟（**Medium**）最美味。如果時間上充足，還可以準備
料理繩及橫紋烤盤，就能品嘗到美味又好看的里肌牛排了。

分 量 ： 1 人 份 (SERVING:1Person)

材料 INGREDIENT

牛里肌肉 200克

橄欖油、鹽、胡椒
適量

奶油 1大匙

百里香 6株
（或迷迭香 2株）

烤蒜球 2顆
（作法參考P117）

醬汁 SAUCE

牛排醬 2大匙

擺盤 PLATING

刷子或小湯匙

料理繩
（自由選擇）

橫紋烤盤
（自由選擇）

料理步驟 HOW TO COOK

1.準備材料

－里肌肉在開始煎之前45分鐘先用鹽、胡椒調味。沒時間的
　話可以在準備煎之前調味。如果用料理繩將牛排綁起來，
　煎的時候形狀就不會散開或跑掉。

2.烹調

－在平底鍋中倒入橄欖油，將鍋子預熱到冒煙。在非常高溫
　的狀態下把牛排的兩面煎過。牛排要經常翻面，才能均勻
　地熟透。

－等牛排變熟、表面酥脆的時候，加入奶油和百里香。

－將融化的奶油澆淋到牛排上。

－牛排起鍋之後，在常溫下靜置5～10分鐘。

3.擺盤

－將牛排醬倒在盤子上，用刷子或湯匙刷過做出裝飾。

－放上靜置過的牛排。

－旁邊擺上切半的烤蒜球即完成。

為了吃到更好看的里肌牛排，可以用橫紋烤盤在肉上煎出格紋。

我會將橫紋烤盤預熱到很燙之後，放上牛排煎出格紋，再移到一般平底鍋中收尾。

Enjoying Tenderloin
享受更好看的里肌肉

固定形狀

由於里肌肉的肉質非常軟嫩，也因此形狀很容易散掉，所以在煎里肌肉的時候，可以用料理繩（未經過染色處理的棉繩）繞一圈綁緊。牛肉的其他部位，或是雞肉、鴨肉等其他肉類，在料理時也是一樣的道理。在烹調時運用料理繩，就可以維持肉品原有的形狀。

壓出紋路

在牛排上用烤紋壓出格子紋路，這在法式料理中還有專有名詞，被稱為菱格紋（Quadriller）。做出菱格紋的方法非常簡單，將橫紋烤盤預熱到非常燙的溫度之後塗上一點油，再把牛排放上去。這時候輕輕地按壓牛排，出來的線條會更明顯；接著將牛排轉 90 度，就可以做出格紋的效果。翻面之後也是用同樣的方法壓出菱格紋。在橫紋烤盤上不斷翻面的話，牛排內部很難完全熟透，所以會建議在壓出菱格紋之後，移到一般的平底鍋中做收尾比較好。

Steak Plating
牛排盤飾

　　將一塊顏色很深的牛排單獨擺盤時，容易覺得畫面單調；要用形狀或切法來變出多樣性也常會遇到界限。所以一般在做牛排盤飾的時候，我都會運用醬汁（Sauce）、蔬果泥（Puree）、和裝飾菜（Garnish）。這不僅適合用在牛排上，也適合用來搭配雞肉排、魚排等排餐。我們一起來嘗試結合各種不同的醬汁、蔬果泥、裝飾菜，做出令人驚艷的擺盤吧！

Sauce Plating
用湯匙、刷子處理醬汁盤飾

少了醬汁的料理，再怎麼出色也像是一個不著寸縷的美女。
——讓‧安泰爾姆‧布里亞－薩瓦蘭 Jean Anthelme Brillat-Savarin

　　法式料理的核心，第一名當然非「醬汁」（Sauce）莫屬。用傾注精誠製作的高湯（Stock）為基底，搭配主要食材加入各種材料、香草等做出來的醬汁，能增添料理的風味和味道的層次。要製作精緻的醬汁，就連專業主廚也需要花好幾個小時，長的話甚至要花費好幾天，不過用醬汁將料理裝飾得精緻好看，這點連初學者也能做到。試著用刷子還有湯匙，戲劇性地灑上醬汁，或是畫上幾筆呈現看看吧！使用市售的醬汁或是自製的簡單版醬汁都很不錯，相信醬汁會讓你更加享受擺盤的樂趣。

Plating with Colorful Purees
色彩繽紛的蔬果泥盤飾

蔬果泥（Puree）這個字的意思是，將生的或熟的食材磨碎之後過篩壓出細密的泥狀。用來搭配開胃菜或主菜時會使用南瓜、甜菜、馬鈴薯、綠花椰菜、紅蘿蔔等各種顏色的蔬菜；而搭配甜點時則可以使用杏桃、草莓、芒果等水果製作而成。基本上，僅用蔬菜做成的蔬果泥會先把蔬菜用熱水燙過、或放到烤箱中烤熟再使用。不過如果在準備主菜的同時還要處理蔬果泥，時間上會負荷不來，這時就使用微波爐吧！

柔軟滑順的馬鈴薯泥

馬鈴薯泥可以用來搭配各式料理。馬鈴薯裡面含的澱粉比其他蔬菜多，會建議不要用調理機打，而是用叉子或是篩網壓成泥狀即可。如果使用調理機，馬鈴薯的澱粉分子分離後跟水結合在一起，就會變得過於黏稠。這樣就無法享受到柔軟滑順的馬鈴薯泥了。

材料 INGREDIENT

馬鈴薯 2顆

奶油 1大匙

鮮奶油（或牛奶）
1/2杯

鹽 適量

白胡椒 適量
（自由添加）

料理步驟 HOW TO COOK

1. 將馬鈴薯去皮，切成4～6等分後，用清水洗淨。
2. 碗中放入馬鈴薯與2大匙的水，用微波爐加熱4分鐘左右，讓馬鈴薯熟透。
3. 把剩下的水倒掉，趁熱將馬鈴薯用叉子壓成泥。如果將壓成泥的馬鈴薯過篩，口感就會更細緻綿密。
4. 壓成泥的馬鈴薯、鮮奶油、奶油放入湯鍋中攪拌均勻。
5. 用鹽和白胡椒調味，轉小火煮到個人喜歡的濃稠度即可。

簡單版的甜菜泥&南瓜泥

　　甜菜泥和南瓜泥的製作方法比馬鈴薯泥更簡單，因為可以用調理機直接打。不僅是甜菜或南瓜，其他蔬菜也都可以用相同的步驟製作。只要用蔬菜加水這個方法，就能做出滋味清淡的蔬果泥。如果想吃到更濃郁、綿密的蔬果泥，只要把水換成鮮奶油，再加入一點奶油就可以了。

材料 INGREDIENT

甜菜或南瓜 1顆
水 1/2杯
鹽、胡椒 適量

料理步驟 HOW TO COOK

1. 甜菜去皮切成適當大小，用微波爐加熱4～5分鐘到熟透。
2. 南瓜則是用微波爐先加熱5分鐘使其熟透之後，再去皮及去籽，接著切成適當大小。
3. 把甜菜或南瓜加水放入調理機中打勻。
4. 打過的蔬菜汁倒入湯鍋中，熬煮到個人喜歡的濃稠度。
5. 再加點鹽和胡椒調味即完成。

Garnish with Pleasure
有它在，更令人享受的裝飾菜

　　裝飾菜（Garnish），原本的意思是指用來裝飾或搭配料理、飲料的食物。經常被當成裝飾菜的，主要都是味道不強烈、比較清淡的食材。這樣才能跟主要食材協調搭配，並凸顯主食材的味道。裝飾菜常用的食材有馬鈴薯、紅蘿蔔、四季豆、蘆筍、洋蔥、彩椒、蘑菇、小番茄等等。一般會處理成適合馬上吃下的一口大小，稍微炒過並調味即完成。

Roasting Green Beans and Peanuts
炒四季豆佐花生

　　四季豆（Green Bean）深受世界各地人們的喜愛，擁有清脆的口感，以及清香的甜味。四季豆只要稍微翻炒過、用點鹽和胡椒調味，就能變身為一道非常美味的料理。上面再撒上一點花生碎，香氣就會更濃郁，味道也會更有層次。

分 量 ： 1 ~ 3 人 份 (SERVING:1~3Person)

材料 INGREDIENT

四季豆 1包
（200克）
花生碎 2大匙
橄欖油、鹽、胡椒
適量

料理步驟 HOW TO COOK

1. 將四季豆清洗乾淨，去除水分。
2. 在平底鍋中倒入橄欖油，加入四季豆和花生碎，翻炒約2~3分鐘。
3. 最後用鹽和胡椒調味即完成。

大賣場常見的冷凍四季豆，買回家分成小包裝保存，急用時非常方便。
不需要解凍，用滾水稍微燙過再到鍋中翻炒，就能享受到四季豆原有的清脆口感。

Strip Steak with Green Beans
and Beech Mushrooms
腰脊牛排佐四季豆、鴻喜菇

在特別的日子裡，我會準備四季豆、鴻喜菇和煎牛排用的牛肉。精心地著手處理食材、烹調並做裝飾，這本身就是一項令人心情愉悅的過程。試著為了心愛的人，或是為了你自己做出一盤滿滿的幸福吧！

分 量 ： 2 人 份 (SERVING:2Person)

材料 INGREDIENT

牛腰脊肉 400克

鴻喜菇 1/4包
（25克）

橄欖油、鹽、胡椒
適量

奶油 1大匙

百里香 6株
（或迷迭香 2株）

炒四季豆佐花生
50克
（作法參考P132）

醬汁 SAUCE

牛排醬 4大匙

料理步驟 HOW TO COOK

1.準備材料

－將腰脊肉對半切開，在開始煎之前的45分鐘先用鹽、胡椒
　調味。沒時間的話可以在準備煎之前調味。

－鴻喜菇在還沒切除底部的狀態下，用刷子或餐巾紙消除掉
　上面的髒東西。

－把牛排醬裝入醬料瓶中。

2.烹調

－在平底鍋中倒入橄欖油，將鍋子預熱到冒煙，在非常高溫
　的狀態下把牛排的兩面煎過。

－最後準備結尾的階段，加入奶油和百里香，並用湯匙將融
　化的奶油澆淋到牛排上1～2分鐘。

－牛排起鍋之後，在常溫下靜置5～10分鐘。

－鴻喜菇切除底部、直接放入平底鍋中翻炒。之後用鹽和胡
　椒調味。

3.擺盤

－將牛排醬在盤子上繞2圈。

－四季豆切成等長的長段之後放到盤子上。

－靜置過的牛排切成適當大小，一片擺到四季豆上方，排入
　鴻喜菇。

－最後擺上另一片牛排即完成。

腰脊肉可以用肋脊肉代替，鴻喜菇也可以用金針菇取代。

Oven Roasted Mushroom
烤什錦菇拼盤

　　香甜的菇類和牛排搭在一起是非常棒的組合。把菇類食材放在平底鍋中稍微炒過或煎過也不錯,還可以用烘焙紙包起來放進烤箱裡,就能更方便享用。試試直接包著烘焙紙,像禮物包一樣端上桌吧!吃的人還可以猜想今天是什麼樣的美味料理,在打開的瞬間帶來很大的樂趣。

分 量 : 2 ～ 3 人 份 (SERVING:2～3Person)

材料 INGREDIENT

綜合菇類 200克
(杏鮑菇 1朵、
香菇 2朵、
秀珍菇 3朵、
蘑菇 2朵、
鴻喜菇 70克)

橄欖油、鹽、胡椒
適量

工具 TOOL

烘焙紙 2張

料理步驟 HOW TO COOK

1.準備材料

－將烤箱預熱到200℃;或以200℃加熱10分鐘。

－杏鮑菇直切成薄片。

－蘑菇大的切成4等分,小的對半切。

－鴻喜菇留著底部不要切掉,分成2等分。

2.烹調

－把所有菇類食材放到烘焙紙上。

－撒上鹽、胡椒,淋上橄欖油。

－用另一張烘焙紙蓋起來,將四個邊折起。

－放入烤箱中以200℃烤15分鐘。

用烘焙紙包起來烤的時候,水分不會散失,可以享受到更富含水分的菇類。
菇類水洗過之後,味道和香氣都會流失,建議用餐巾紙把表面髒汙擦拭乾淨即可。
菇類容易受到濕氣影響,所以保存的時候最好可以用餐巾紙包起來保存。

Sirloin Steak with Pumpkin Puree and Red Wine Sauce
肋脊牛排佐南瓜泥、紅酒醬

　　炒過或煎過牛排之後，把鍋底剩下的部分加入紅酒、干邑白蘭地或是高湯等融化，之後當成醬汁的基本材料使用，這個在料理中又叫做「洗鍋收汁」（刨鍋底，Deglaze）。當然正式製作醬汁時會用到牛骨、雞骨或各種蔬菜等等，不過用煎牛排剩下的肉汁也能充分做出簡單的醬汁。

分 量 : 2 人 份 (SERVING:2Person)

材料 INGREDIENT

牛肋脊肉 300克

紅蔥 1顆

紅脈酸模葉 10片

橄欖油、鹽、胡椒
適量

奶油 1大匙

南瓜泥 1/2杯
（作法參考P129）

醬汁 SAUCE

奶油 2大匙

麵粉 1大匙

紅酒 1杯

雞高湯（或水）
1杯

料理步驟 HOW TO COOK

1.準備材料

—肋脊肉在開始煎之前45分鐘先用鹽、胡椒調味。沒時間的
話可以在準備煎之前調味。

—將紅蔥去頭尾及外皮，對半切開。

2.烹調

—在平底鍋中倒入橄欖油，將鍋子預熱到冒煙。

—在非常高溫的狀態下把牛排的兩面煎過，先移到鍋邊。牛
肉反而要經常翻面，才能均勻地熟透。

—最後準備結尾的階段，加入1大匙奶油，再用湯匙將融化的
奶油澆淋到牛排上。

—牛排起鍋之後，在常溫下靜置5～10分鐘。

—將煎過牛排的平底鍋中剩下的油倒掉一點，放入2大匙奶油
與麵粉拌勻。再加入紅酒、高湯，熬煮沾在鍋底的肉汁。

—等醬汁稍微變得濃稠時，放進鹽和胡椒調味。因為奶油和
高湯已經稍微調過味，所以鹽只要加一點點即可。

—在等牛肉煮熟的時間中，可以用另一個鍋子倒油煮紅蔥。
將切開的那一面朝鍋底，煎到有點焦黃程度，接著再用鹽
和胡椒調味。

3.擺盤

—利用湯匙將南瓜泥裝飾到盤子上。

—將牛肉切片盛盤，並淋上紅酒醬汁。

—最後用紅蔥和紅脈酸模葉裝飾即完成。

沒有紅蔥的話，將洋蔥裡面比較小的部分剝下來使用即可。

煎完牛肉在倒出鍋中的油時，要小心不要把肉汁倒出來。

因為沾在鍋底的肉汁味道和香氣都十分濃郁，可以讓醬汁的風味更有層次。

Stir-Fried Beef and Potatoes
粗獷風牛肉爆馬鈴薯

　　精緻又整齊的擺盤，總會令人賞心悦目，不過偶爾來點「粗獷」的烹調，放在鍋子裡直接享用也別有一番樂趣。粗獷風的牛肉爆馬鈴薯，我覺得直接豪邁地大口吃味道更棒。

分 量 ： 3 ～ 4 人 份 (SERVING:3～4Person)

材料 INGREDIENT

牛肋脊肉 600克

馬鈴薯 2顆

大蒜 4顆

百里香 3～4株
（或是個人喜歡的
香草）

紅辣椒片 1大匙
（或是義大利紅辣
椒 4～5條）

奶油 3大匙

橄欖油、鹽、胡椒
適量

料理步驟 HOW TO COOK

1.準備材料

— 肋脊肉切成0.5公分厚的片狀，在烹調之前45分鐘或是已經
　要開始烹調之前用鹽、胡椒調味。

— 馬鈴薯洗淨後，切成6～8塊。

— 大蒜去頭尾及膜，切成薄片。

— 將百里香切碎。

2.烹調

— 把馬鈴薯放入冷水中煮8～10分鐘，煮到完全熟透。

— 將煮馬鈴薯的水倒掉，用篩網瀝乾馬鈴薯的水分。

— 包上餐巾紙，在常溫下靜置5～10分鐘乾燥。如果想吃到
　馬鈴薯表面有酥脆的口感，重點就是要讓水分完全乾掉。

— 在平底鍋中倒入橄欖油與1大匙的奶油，用中火翻炒馬鈴薯
　至表面變得酥脆。

— 用鹽、胡椒調味之後先另外盛盤。

— 在同一個鍋子中倒入橄欖油和剩下的奶油，加入大蒜爆香。

— 加入牛肉一起翻炒。

— 等牛肉快要熟透時，放進紅辣椒片和切碎的百里香拌勻。

— 用鹽、胡椒調味。

3.擺盤

— 將牛肉推到平底鍋的其中一邊，另一邊放入炒好的馬鈴薯。

— 直接將料理連同鍋子一起上桌

紅辣椒片（Crushed Red Pepper），一般是指印度辣椒磨成的粗片。

也可以將義大利紅辣椒（Peperoncino）磨成片之後代替，辣的味道會更俐落。

在切牛排時，下刀的方向必須要與肉的紋理垂直，

才能切斷肌肉纖維連結的組織，讓牛排咀嚼起來的口感更柔嫩。

煮馬鈴薯時必須從冷水開始一起煮。如果將馬鈴薯放到滾水中滾煮，

表皮就會因為熟得太快而出現剝離的現象。

Beef Cuts
牛肉各部位特點

在牛肉中一般會被當作牛排肉的部位，是從牛的肩膀到腰部這位置。其中人們喜歡的部位大致可以分為里肌肉、腰脊肉和肋脊肉。

柔嫩又清淡的「里肌肉」

一整頭牛當中，只有 2 ～ 3% 的里肌肉，是最高級的部位。這個部位的肌肉很少運動，因此也最為柔嫩。不過也由於幾乎沒有脂肪，烹調之後口感可能會立刻變得很硬。所以建議里肌肉煎到五分熟（Medium）就好，再加上奶油做結尾就非常完美。

柔嫩又可以享受到香甜肉汁的「腰脊肉」

跟里肌肉一樣，這個部位幾乎沒有運動，所以肉質柔軟，還有均勻的大理石紋油花分布。脂肪含量介於里肌肉和肋脊肉之間，因此有一定程度的肉汁，同時又具有鮮嫩的肉質。腰脊肉烹調之後口感可能會立刻變得很硬，跟里肌肉一樣建議用五分熟（Medium）的熟度來品嚐最好。

有豐富肉汁和濃郁香氣的「肋脊肉」

包覆住牛背骨的肋脊肉，在肌肉與肌肉之間都有脂肪形成，因此看肉切開的剖面時可以看見白色的線條紋路。由於脂肪偏多，所以煎的時候肉汁相當豐富，咀嚼起來的口感也很好。

111111111111111111111111111111111111111

里肌肉　　腰脊肉　　肋脊肉

Tenderloin Steak with Shiitake Cream Sauce
里肌牛排佐香菇奶油醬

　　我覺得香菇奶油醬汁和里肌肉這個組合，絕對稱得上是夢幻拍檔。幾乎沒有脂肪的里肌肉配上香菇奶油醬汁，能讓味道的層次變得更加鮮明。不需要特別準備高湯，善用泡開乾香菇的水就可以做成醬汁。

分 量 ： 1 人 份 (SERVING:1Person)

材料 INGREDIENT

牛里肌肉 200克

橄欖油、鹽、胡椒
適量

奶油 1大匙

百里香 6株
（或迷迭香 2株）

醬汁 SAUCE

乾香菇 3朵

蒜泥 1大匙

泡開乾香菇的水
200ml

鮮奶油 100ml

料理步驟 HOW TO COOK

1.準備材料

—里肌肉在開始煎之前45分鐘先用鹽、胡椒調味。沒時間的
話可以在準備煎之前調味。如果用料理繩將牛排綁起來，
煎的時候形狀就不會散開或跑掉。

—在料理前1～2小時，先把乾香菇用水泡開。泡開乾香菇的
水另外裝起來，泡開的香菇切成薄片。

2.烹調

—平底鍋中倒入橄欖油，放香菇和蒜泥用中火翻炒1～2分鐘
左右。

—加入泡開乾香菇的水，熬煮到將近完全收乾。

—倒入鮮奶油，用中火滾煮到鮮奶油剩下一半的量。

—用鹽、胡椒調味。

—拿另一個平底鍋倒入橄欖油，將鍋子預熱到冒煙。在非常
高溫的狀態下把牛排的兩面煎過。牛肉要經常翻面，才能
均勻地熟透。

—等牛排表面變得酥脆的時候，加入奶油和百里香。

—將融化的奶油澆淋到牛排上。

—牛排起鍋之後，在常溫下靜置5～10分鐘。

3.擺盤

—把靜置過的牛排盛裝至盤子上。

—淋上香菇奶油醬汁。

—撒上一點點的胡椒收尾即完成。

Wine Everyday
每天來杯葡萄酒

　　我到二十五、六歲的時候連一口酒都不會喝，從來沒想過未來的自己會變成一個每天小酌一杯的人。其實我每天一定要喝一杯的原因超過好幾百個，像是因為事情不順利、因為有好事發生、因為天氣太熱或太冷、因為星期一很疲憊或星期六很幸福……理由有好多好多。如果有人問我為什麼想喝杯酒，我反而覺得為什麼有某天不喝酒比較好解釋。

　　說實在的，在十年前葡萄酒曾經是我避之唯恐不及的酒類。後來我成為了一間綜合貿易公司的新進員工，公司旗下有間分公司剛好是葡萄酒進口商，於是我們每次公司聚餐喝的都是葡萄酒。不知道是幸還是不幸，在頻繁地接觸了品質很好的葡萄酒之後，每個禮拜晚上到汝矣島街頭小酌一下的時候，總要吐個兩三回。我想這都歸功於那些我本來分不出味道優劣的葡萄酒吧！其他酒我是不太能喝，不過葡萄酒卻可以讓我不斷小酌下去。最後我慢慢培養出對葡萄酒的抵抗力，也激起了我對葡萄酒的好奇心。

　　我深深地被葡萄酒蘊含的故事、它複合的香氣與味道、以及持續不斷的餘韻所吸引，現在的我很喜歡品嘗葡萄酒。另外，身為一個料理人，葡萄酒能更彰顯料理的美味，它本身也能演繹出完美的氛圍，這更是讓我不得不愛上它。葡萄酒有種神奇的魔力，能讓料理這樣平凡的日常生活變得更為享受，更為特別。

紅酒與紅玫瑰

　　紅酒搭配上季節性的紅色花朵，像是紅玫瑰、雞冠花，是非常合適的組合。這時準備一些綠色素材（深綠色的葉片），混合著鮮花一起裝進花瓶中，就能呈現出更有自然氣息的餐桌氣氛。不過，建議不要使用香味過於強烈的花朵，這樣才能好好享受料理與紅酒帶來的嗅覺、味覺饗宴。

今天的菜單

　　如果構思了一整套的餐點，不妨試著將餐點的順序寫下來放上餐桌吧！不需太過正式，用簡單的方式處理也可以，親筆寫下菜單很不錯，用電腦挑選你喜歡的字體印出來也好。只是一個小巧思，卻能帶給用餐者大大的感動。

Herb Butter Roasted Chicken
香草奶油烤雞

　　烤雞（Roasted Chicken）這道將全雞烘烤過的料理，是經典的聖誕節
餐點，可以讓餐桌菜色變得更豐富。一般烤雞的固定製作流程是將奶油和
香草抹上雞肉烘烤，每隔 20 分鐘就要再把融化的奶油淋到雞肉上。不過，
我喜歡做成香草奶油，直接抹在雞皮與雞肉之間，這樣可以減少許多麻煩。
而且完成時的烤雞外皮會更加酥脆可口，裡面的肉也會更美味多汁。

分量：2 ～ 3 人份 (SERVING : 2～3Person)

材料 INGREDIENT

全雞 1隻

迷迭香 3株

奶油 3大匙

櫛瓜 1/2條

紅色彩椒 1顆

黃色彩椒 1顆

橘色彩椒 1顆

橄欖油、鹽、胡椒 適量

工具 TOOL

料理繩

料理步驟 HOW TO COOK

1. 準備材料

－將烤箱預熱到210℃；或以210℃加熱10分鐘。

－把雞的頭和內臟去掉、清洗乾淨後，用餐巾紙擦乾水分。

－奶油在常溫下靜置1小時，讓它呈現軟化的狀態。

－將1株迷迭香切碎，和奶油一起攪拌均勻。

－櫛瓜和各色彩椒均洗淨並切成約2公分大小的正方形。

2. 烹調

－讓雞胸的部位朝上。

－把手伸進去，分開雞胸部位和雞腿部位的皮和肉。

－在分離開來的間隙中，用手指抹上香草奶油。此時奶油會 自然融化，所以不需要用手往裡面推到底。

－將雞的兩隻腿用料理繩綁起來。

－表皮塗上鹽和胡椒調味。

－將剩餘的迷迭香塞入雞的肚子裡。

－放進烤箱，用210℃烤約40分鐘。

－櫛瓜、各色彩椒放入大碗，加橄欖油、鹽、胡椒拌勻。

－將烤了40分鐘的雞暫時拿出烤箱，加入蔬菜之後再放回烤 箱烤20分鐘。如果暫時將烤雞拿出來時，發現表皮的烤色 已經很深，可以把烤箱溫度調整為190℃，再烤20分鐘。

3. 擺盤

－解開綁起來的料理繩，將烤雞和蔬菜一起上桌即完成。

每個烤箱結構和雞的大小不同，即使設定一樣的溫度，熟透的時間也會不同。

這時可以將鐵筷插入再拔出來，如果筷子很燙、有油脂流出就表示熟透了；

如果筷子不燙、還有血水流出，就要再烤10～20分鐘才會全熟。

Oven Roasted Chicken Drumstick
烤小雞腿

　　烤小雞腿這道食譜，是我看到一個好朋友他做給自己的孩子吃之後，稍微改良一下設計出來的。味道清淡、口味不重，卻有股魅力讓人不停地一口接一口。可以當孩子的點心，也可以是大人們來瓶清涼啤酒的下酒菜。

分 量 ： 2 人 份 (SERVING:2Person)

材料 INGREDIENT

小雞腿 1公斤

牛奶 200ml

橄欖油、鹽、胡椒
適量

醬汁 SAUCE

美乃滋 2大匙

法式第戎芥末醬
1大匙

蜂蜜 1大匙

料理步驟 HOW TO COOK

1.準備材料

—將烤箱預熱到200℃；或是以200℃加熱10分鐘。

—用流動的水將小雞腿洗淨，之後泡在牛奶中約30分鐘去除
　雞肉的腥味。再次用水沖過後，拿餐巾紙把水分擦乾。

—把所有醬汁的材料攪拌均勻。

2.烹調

—小雞腿去除水分之後，加入鹽、胡椒、橄欖油拌勻。

—放入烤箱，用200℃烤約30分鐘。

3.擺盤

—與醬汁一起上桌即完成。

由於這道料理沒有另外添加香草等食材（像是大蒜、迷迭香、百里香等），
只有抹上橄欖油就放入烤箱了，因此去除雞肉腥味這個步驟相當重要。
除了浸泡在牛奶中之外，另一個方法則是拌入2大匙的料理酒，靜置30分鐘去腥。

Fried Chicken with Tomato Sauce
番茄醬汁燉雞

　　我在學法式料理時最喜歡的一道菜就是巴斯克地區的特色佳餚——巴斯克燉雞（Poulet Basquaise）。我稍微簡化了一下，設計出簡單版的番茄醬汁燉雞。一般的巴斯克燉雞會加入彩椒、洋蔥和大蒜。在這道文火慢燉的美味雞肉料理中，如果再加上番茄醬汁，就能完美呈現美味的一餐。準備些口感柔軟的麵包沾著吃也很不錯。

分 量 ： 2 ～ 3 人 份 (SERVING : 2～3Person)

材料 INGREDIENT

全雞切塊 1隻
（炒雞肉用）
洋蔥 1/2顆
紅色彩椒 1顆
黃色彩椒 1顆
大蒜 4顆
橄欖油、鹽、胡椒
適量

醬汁 SAUCE

番茄醬汁 2杯
（作法參考P241）
水 1杯
義大利紅辣椒 4條
鹽、胡椒 適量

料理步驟 HOW TO COOK

1.準備材料

－將雞肉洗淨，撒上鹽和胡椒。

－洋蔥去頭尾及外皮，彩椒洗淨、去蒂及籽，兩者均切成細
　條狀。

－大蒜去膜，切成薄片。

－將番茄醬汁和水充分攪拌。

2.烹調

－平底鍋中倒入橄欖油，小火翻炒蒜片，炒出蒜油。

－大蒜的香味出來後，先放入洋蔥炒一下再加各色彩椒。

－用鹽、胡椒調味之後另外盛盤。

－用同一個鍋子倒入橄欖油，轉大火翻炒雞肉，炒到雞肉的
　表面呈現略帶金黃色澤的咖啡色。

－把油稍微倒出來之後，加入番茄醬汁和水，用中小火煮約
　20分鐘讓它熟透。

－過程中如果有油浮到表面，就把它撈掉。

－在起鍋的前10分鐘倒入拌炒過的蔬菜，以及壓碎的義大利
　紅辣椒一起滾煮。

3.擺盤

－可以直接裝入湯鍋上桌，讓大家分著享用。

原本的巴斯克燉雞，需要加入巴斯克的特產——艾斯佩雷（Espelette）辣椒粉。

在這道食譜中，我用義大利的紅辣椒（Peperoncino）代替。

義大利紅辣椒的辣味都集中在籽裡面，如果想享受辛辣感就建議將紅辣椒壓碎。

家裡沒有義大利紅辣椒，也可以使用青陽辣椒或是乾的紅辣椒代替。

使用鑄鐵鍋可以讓料理的溫度維持較久，食材的口感也比較不會改變。

Pork Tenderloin Steak
里肌豬排佐菠菜莫札瑞拉起司

　　豬里肌肉幾乎沒有脂肪層，肉的紋理也相當柔嫩，做成豬排來享用非常美味。試試搭配炒過的菠菜、杏仁片和莫札瑞拉起司吧！這道里肌豬排絕對能帶給你更柔嫩、更香氣濃郁的享受。

分 量 ： 1 人 份 (SERVING:1Person)

材料 INGREDIENT

豬里肌肉 200克
菠菜 1/2包
（100克）
杏仁片 2大匙
莫札瑞拉起司
1/2杯
白酒 3大匙
奶油 1大匙
鹽、胡椒 適量

料理步驟 HOW TO COOK

1.準備材料
－將豬里肌肉順著紋理切成兩塊。用鹽、胡椒調味。
－菠菜洗乾淨之後切掉根部。

2.烹調
－平底鍋倒入橄欖油燒熱後放入菠菜翻炒，再用鹽和胡椒調味後另外盛盤。
－拿另一個平底鍋倒入橄欖油，將鍋子預熱到冒煙。
－在非常高溫的狀態下把豬里肌肉的兩面煎過。
－接著將火轉為中小火，經常翻面讓裡面均勻熟透。
－等豬肉差不多熟了，加入菠菜，並把杏仁片、莫札瑞拉起司放到肉上面。
－倒入白酒，並放上奶油。
－蓋上鍋蓋約2～3分鐘，讓起司完全融化。

3.擺盤
－直接連同平底鍋一起端上桌即完成。

Barbecued Pork Rip
豬排 BBQ

在舉辦人數很多的派對時，我一定會準備這道豬排 BBQ。我會事先把豬肋排燙過、去除血水，等客人來的時候塗上醬汁放進烤箱烤。這時我塗的醬汁是用最少材料做出來的簡單版醬汁。如果想增添一點風味，還可以放入大蒜、洋蔥、黃芥末醬、辣椒粉等等。

分 量 ： 3 ～ 4 人 份 (SERVING:3～4Person)

材料 INGREDIENT

豬肋排 1公斤
月桂葉 4片
胡椒粒 10粒

醬汁 SAUCE

番茄醬 1/2杯
巴薩米克醋 1大匙
黑糖 2大匙
伍斯特醬 3大匙
紅椒粉 2小匙

料理步驟 HOW TO COOK

1.準備材料

—烤肉前將烤箱預熱到200℃；或以200℃加熱10分鐘。
—用流動的水將豬肋排清洗乾淨之後，泡入冷水中30分鐘～1
　小時左右去除血水。
—把所有醬汁材料充分攪拌均勻。

2.烹調

—去除血水的豬肋排放入湯鍋中，加水到蓋過肉，並放入月
　桂葉、胡椒粒煮30分鐘。
—將豬肋排撈出後放涼。
—塗上烤肉醬之後，放入烤箱用200℃烤10分鐘。
—10分鐘後將豬肋排拿出，重新塗上醬汁再烤10分鐘。

3.擺盤

—與其餘的烤肉醬一起上桌即完成。

沒有烤箱的話，可以把煮過的豬肋排放入平底鍋中，
加烤肉醬和4大匙的水煮到收汁。

Pork Chops with Apple Cream Sauce
豬肉佐蘋果奶油醬

　　我到美國加州當交換學生的時候，常常光顧一間家庭式餐廳。裡面有
一道人氣料理就是「豬肉佐蘋果奶油醬」，起初我看到菜名就有點懷疑，
這個組合真的好吃嗎？不過吃過一次之後，我立刻變成這道菜的宣傳大使。
蘋果、奶油和豬肉怎麼可以這麼搭！吃進嘴裡彷彿開啟了一個新的味覺世
界。口感粒粒分明的芥末籽醬絕對是重點主角。

分量 : 4 人份 (SERVING:4Person)

材料 INGREDIENT

豬前腿肉 800克

橄欖油、鹽、胡椒
適量

醬汁 SAUCE

洋蔥 1顆

蘋果 1顆

鮮奶油 1杯

芥末籽醬 2大匙

奶油 1大匙

料理步驟 HOW TO COOK

1.準備材料

— 將烤箱預熱到200℃；或以200℃加熱10分鐘。

— 豬前腿肉切成2公分寬的厚片，用鹽和胡椒調味。

— 洋蔥洗淨、去頭尾及外皮，切成細絲。

— 蘋果洗淨，切成6等分之後去籽，再一一切成薄片。（可以
利用削皮器就能輕鬆切成薄片。）

2.烹調

— 平底鍋中倒入橄欖油，將鍋子預熱到冒煙。

— 在非常高溫的狀態下把豬肉的兩面煎過。

— 等表面變得酥脆之後就放入烤箱，用200℃烘烤20分鐘。

— 拿另一個平底鍋加入奶油，翻炒洋蔥。

— 等洋蔥開始變得透明，就加入蘋果，翻炒到變成咖啡色。

— 加入鮮奶油滾煮至剩下2/3的量。

— 最後放入芥末籽醬，並用鹽和胡椒調味。

— 把豬肉從烤箱取出，放在盤子上靜置5分鐘。

3.擺盤

— 將豬肉盛盤，與蘋果奶油醬汁一起端上桌即完成。

沒有烤箱的話，可以用平底鍋以大火把豬肉煎到表面酥脆，再轉中弱火慢煮。

注意常常翻面讓肉的裡面能均勻熟透。也可以使用五花肉或豬頸肉代替豬前腿肉。

因為這道料理要將蘋果炒到變成咖啡色，所以我沒有另外拌入檸檬汁。

如果是搭配生蘋果的料理，就可以加一點檸檬汁或糖水攪拌，讓蘋果有褐變反應。

Stir-Fried Pork Neck with Soy Sauce
醬燒霜降肉

　　最近許多西餐的主廚們也開始會運用醬油做料理。醬油獨特的滋味與香氣，真的會讓人沉醉其中。這道料理可以同時享受到醬油的美味，以及豬肉的清香。以富含大理石紋油花聞名的霜降肉，用醬汁烹調到完全入味是這道菜的關鍵。

分 量 ： 2 人 份 (SERVING:2Person)

材料 INGREDIENT

霜降肉 400克
糯米椒 150克
紫洋蔥 1/2顆

醬汁 SAUCE

醬油 2大匙
水 2大匙
砂糖 1大匙
胡椒 1小匙

料理步驟 HOW TO COOK

1.準備材料

－把霜降肉切成長5公分的細條狀，以方便一口吃下為原則。

－將洗淨的糯米椒的蒂頭切掉。

－紫洋蔥去頭尾及外皮，切絲。

－把所有醬汁材料混合均勻。

2.烹調

－平底鍋中不用倒油，直接煎霜降肉直到兩面變色。

－放入糯米椒和紫洋蔥一起翻炒。

－等霜降肉表面呈現帶金黃色澤的咖啡色時，倒入全部醬汁
　一起熬煮。

3.擺盤

－盛盤時可用筷子，讓視覺上能同時看到肉和蔬菜即完成。

如果只放醬油和砂糖，肉的表面很容易燒焦，所以需要加水一起熬煮。
這樣也才有辦法讓醬汁完全入味到霜降肉裡面。

04.Seafood
海鮮

How to Pick Fresher Fish and Shrimp
選購新鮮魚蝦的方法

新鮮的魚

　　沒有像魚這麼容易失去新鮮度的食材了，所以在購買的時候一定要仔細確認。新鮮的魚不會有腥味，反而還帶有一股清香，讓人心情愉悦。而且眼睛的顏色清澈，鱗片也不容易掉下來，肉質結實、有彈性。

　　如果魚買回家之後沒有要馬上煮，會建議先把魚的頭和內臟去除之後清洗乾淨，再放冷藏或是冷凍保存，可以降低腥味。

新鮮的蝦

　　去賣場的時候，大部分的人都喜歡挑選新鮮的蝦子，比較不會買冷凍蝦，因為看起來更新鮮、營養價值好像也更高。不過其實在市場輸送的時候，大部分的蝦子都事先經過急速冷凍，而我們看到的生蝦子通常是解凍後再拿來賣的。如果想品嘗更新鮮的蝦子，會建議大家購買冷凍蝦子。被冷凍的蝦子只要泡入冷水中，馬上就能解凍了。

How to Make Crispy Fish
將魚煎得香嫩酥脆的方法

一塊煎得酥酥脆脆、帶有金黃色澤的魚，總能勾起我兒時的思鄉情懷。現在的人如果要拔牙，大部分都會到牙醫診所，不過在我小的時候，奶奶是將線綁在門把上幫我拔牙，每次拔完牙我都哭得非常慘烈。這種時候媽媽為了安撫我，就會做鍋巴飯、煎黃花魚給我吃。煎魚時在家裡陣陣飄散的濃郁香氣，總能安撫我焦躁的心，當我需要幫自己加油打氣時，也會自己煎魚來吃。

— 用餐巾紙將魚的水分完全擦乾，用鹽和胡椒調味。
— 將平底鍋完全預熱後，開大火倒油並讓魚皮面先碰到鍋面，再馬上轉成中小火。一開始要用大火，是為了要在魚黏住鍋子之前讓表面變熟。
— 用鍋鏟輕輕地壓，讓整體熟透。尤其是無骨魚片（Fillet），一放入鍋子受熱就容易整塊蜷縮起來，如果要均勻變熟，一定要用鍋鏟輕壓。
— 等魚皮均勻變熟之後，再翻面煎另一面。如果是其他肉類，就需要經常翻面才能讓裡面均勻受熱，不過魚的肌理容易散掉，建議最好不要經常翻面。

Spanish Mackerel Steak with Dill Sauce
鰆魚排佐蒔蘿醬

葉片細長、有著清新香氣的蒔蘿（Dill），新鮮葉片經常被使用在各種料理和海鮮料理當中。只要剪一點蒔蘿的葉片和花，就是很好的料理裝飾，不過要留意，由於蒔蘿的香味濃烈，建議使用一點點即可。蒔蘿製成的醬汁也常用來搭配鰆魚排、或是鮭魚排等排餐料理，非常適合。

分 量 : 2 人 份 (SERVING:2Person)

材料 INGREDIENT

鰆魚片 2片
（400克）

橄欖油、鹽、胡椒
適量

蒔蘿花（裝飾，自
由添加）

醬汁 SAUCE

特級初榨橄欖油
1/4杯

檸檬汁 2大匙

切碎的蒔蘿 2大匙

料理步驟 HOW TO COOK

1.準備材料
─用餐巾紙將鰆魚的水分完全擦乾，用鹽和胡椒調味。
─把所有醬汁材料混合均勻。

2.烹調
─將平底鍋完全預熱後，開大火，倒入橄欖油並讓魚皮面先碰到鍋面。馬上轉成中小火讓一面熟透。
─用鍋鏟輕輕地壓，讓整體熟透。
─等一面均勻變熟之後，再翻面煎另一面。

3.擺盤
─把鰆魚盛到盤上。
─均勻淋上醬汁，用蒔蘿花裝飾。
─醬汁裝在碟中一起上桌即完成。

鰆魚有不同種類，一般俗稱的土魠、白腹仔、烏加都是其一。

Thyme
百里香

Dill
蒔蘿

Rosemary
迷迭香

Basil
羅勒

French Parsley
法國巴西里

Italia Parsley
義大利巴西里

Herbs Loved by Chefs
主廚鍾愛的香草

　　香草（Herb）是指散發著香味的植物，會使用在肉類或海鮮料理中去除雜味，讓整體風味變得更棒。從百里香、蒔蘿、迷迭香，到我們熟悉的薑、大蒜等等，大家知道的香草種類，全世界大約有 140 多種。另外，香草也經常被用來當作擺盤裝飾。

早午餐＆義大利料理經常使用的香草

1. 百里香（Thyme）：有著非常濃郁的香味，也因為香氣可以傳到百里之外而得名。在製作肉類料理、海鮮料理、醬汁或高湯時，會被用來提味或去除腥味，用途多元。

2. 迷迭香（Rosemary）：和百里香一樣，由於香味濃烈，常被使用在肉類料理、海鮮料理、醬汁和高湯的製作中。此外，迷迭香有消除壓力的功效，所以也被用來做成精油、香草茶、入浴劑等等。

3. 蒔蘿（Dill）：獨特的香氣跟海鮮料理搭配起來特別適合，在歐洲通常會被運用在生蠔等料理當中。還有，也跟巴西里一樣常被拿來當作食物的裝飾。

4. 法國巴西里（French Parsley）＆義大利巴西里（Italia Parsley）：巴西里大致上分為形狀蜷曲的法國巴西里，以及外觀扁直的義大利巴西里。一般來說，義大利巴西里的苦味比法國巴西里淡、香氣更濃，所以在料理上的使用也更廣泛。法國巴西里比較常用來裝飾，而非食用。

5. 羅勒（Basil）：像是披薩、義大利麵等有加入番茄的義大利料理中都會用到羅勒。羅勒的種類超過 160 種，我們經常使用的羅勒則是甜羅勒（Sweet Basil）。

香草中有像迷迭香、百里香、月桂葉等比較硬的香草，也有像薄荷、羅勒、巴西里、蒔蘿等比較軟的香草。要讓硬的香草香味擴散到整體需要一些時間，建議在料理前面的步驟就可以先加入。相較之下比較軟的香草，因為香氣和味道馬上就會消失，所以建議在要吃之前再加入，或是當作裝飾，這樣才能保留香草本身的味道。另外，剩下的香草會馬上枯黃，可以用橄欖油冷凍起來保存，需要時解凍來用就非常方便。

Rosemary Table
餐桌上的迷迭香

　　我住在濟州和首爾。會決定同時住在兩個地方,最主要是因為我很想自己試著種出料理中會用到的食材。於是,在打理濟州房子的第一年,我就自己闢了一小塊田地,種上各式各樣的蔬菜。不過,可能因為我沒有每天照顧它,結果都種失敗了。因為沒能常常澆水,且那裡風大,還有也可能是因為土壤不適合,所以植物們才沒辦法好好成長。

　　看到我失望的樣子,隔壁鄰居的一位老人家跟我說,可以把他們庭院裡種的迷迭香挖一點到我們家種種看,因為迷迭香比其他植物還要容易種活。我想也是托了那位老人家的福吧!我們家的迷迭香在濟州的大太陽下,到現在還活得好好的呢!這是令我充滿感謝的迷迭香,我最喜歡把它們用來做料理、裝飾餐桌了。

迷迭香與餐巾

運用餐巾就可以用各種不同的方式裝飾餐桌。餐具（刀具、湯匙、叉子等）可以用餐巾包好、綁起來，然後插上像迷迭香一樣的綠葉放到盤子上，餐桌就會更香氣四溢。

點亮餐桌的蠟燭

我覺得點根蠟燭，最能夠激發我們的感性了。用蠟燭點亮餐桌，它本身就是一個非常浪漫的照明。不過，用餐的時候一定要使用沒有香味的蠟燭，使用香氛蠟燭反而會干擾我們享受料理。

迷你盆栽裝飾

這是我一位開花店的朋友推薦給我的方法。不是一定要用鮮花才能裝飾餐桌，擺盆小小的盆栽也可以把餐桌裝飾得更出色。而且，綠色盆栽可以放很久，是比鮮花更棒的優點。

White Wine for Seafood
海鮮料理的絕配──白酒

　　大家都知道，享受海鮮料理時配點白酒是非常好的選擇。其實，白酒也可以應用在海鮮料理中，是很棒的一種食材。在水煮或蒸煮海鮮時，加點白酒可以去除腥味和雜味，還能增添一點白酒獨特的香氣。

　　尤其是料理貝類食材的時候，將處理過的貝類跟白酒一起滾煮，是讓貝類料理更美味的祕訣。所以我會把喝剩的白酒換到小瓶子裡放冰箱冷藏，或是用製冰盒做成小冰塊，料理時就放一顆。白酒冷藏保存的話可以放 1 ～ 2 個禮拜，冷凍保存則可以使用到 1 個月。

　　要留意的是，不能因為是料理用酒，就使用過甜、過酸、或喝起來過澀而不喝的酒。由於酒經過加熱後，酒精成分會揮發，原本的味道會變得更濃郁，所以如果使用味道不好的酒就會毀了整道料理。還有，料理時也不建議使用甜度過高的酒或是氣泡酒。

White Wine Steamed Mussels
白酒蒸貽貝

　　我覺得貽貝（也常被叫淡菜）是一項令人感謝的食材。因為它附著在岩石上生活，不需要另外讓它吐沙（一般貝類都需要去除裡面夾帶的淤泥），只需要好好地刷洗外殼和絨毛就可以簡單料理。這道菜，當作品嘗白酒的下酒菜也很對味。

分 量 ： 2 人 份 (SERVING:2Person)

材料 INGREDIENT

貽貝 1公斤
小番茄 10顆
洋蔥 1/2顆
大蒜 4顆
義大利紅辣椒 3條
白酒 1/2杯
羅勒 5片
（自由添加）
橄欖油 適量

料理步驟 HOW TO COOK

1.準備材料

—所有食材洗淨。將貽貝的外殼之間夾著的絨毛往尾端方向拔掉。用刷子刷洗外殼，把雜質去除乾淨。

—小番茄去蒂，對半切開。

—洋蔥去頭尾、外皮後切成丁狀，大蒜去頭尾及外膜之後切成薄片。

—義大利紅辣椒用手壓碎備用。

—把羅勒葉捲起來，切成細末。

2.烹調

—湯鍋裡倒入橄欖油，放進大蒜和洋蔥翻炒。

—等大蒜炒出香味，加入貽貝、番茄、義大利紅辣椒拌勻。

—倒入白酒蓋上蓋子，一直煮到貽貝的口打開。

3.擺盤

—撒上切成細末的羅勒收尾即完成。

Arirang
16 | SATURDAY-SUNDAY, JUNE 30 - JULY 1, 2018
WEEKEND
Getting onboard with

Grilled Sole with Butter
奶油香煎比目魚

　　法國有一道經典的魚類料理，名稱叫做「法式乾煎比目魚」（Sole
Meuni ‘ere）。「Sole」指的是鰈形目鰈科的魚類，類似於台灣的比目魚。
法式乾煎比目魚是讓魚身裹上麵衣之後用奶油煎熟的一道料理，我喜歡留
著比目魚的魚骨，直接整塊下鍋烹煮。

分量：1 人份 (SERVING:1Person)

材料 INGREDIENT

比目魚 1條

麵粉 1/2杯

奶油 3大匙

檸檬汁 2大匙

巴西里末 2大匙

鹽、胡椒 適量

料理步驟 HOW TO COOK

1.準備材料

— 比目魚切掉頭部、去除內臟之後，用刀背從魚尾往頭部的方向刮過，去除魚鱗。刮除魚鱗的時候打開水沖，就可以防止魚鱗飛濺得到處都是。接著用餐巾紙把水分擦乾，用鹽和胡椒調味。

2.烹調

— 塑膠袋中裝入麵粉和比目魚，大力搖晃讓魚身均勻裹上麵衣。將魚從塑膠袋拿出來之前，抓住魚尾輕輕抖掉多餘的麵粉，較不會有麵粉撒落。

— 在平底鍋中放入奶油等它融化，再放上比目魚，先將一面煎熟再翻面。

— 等到比目魚兩面都煎到呈現金黃色澤時，先另外盛盤。

— 用剩下的肉汁加入檸檬汁、巴西里末攪拌均勻。

3.擺盤

— 將比目魚放上盤子，淋上醬汁即完成。

— 和香草煎小馬鈴薯（作法參考P209）一起上桌也很不錯。

Pan-Fried Potatoes with Herbs
香草煎小馬鈴薯

小馬鈴薯不僅吃起來方便,看到它可愛的模樣也會讓人一直微笑。馬鈴薯除了適合肉類料理,也非常適合魚類料理。準備個人喜歡的香草,來做一道香草煎小馬鈴薯吧!可以當簡單的點心,也可以當成下酒菜享用。

分 量:2 ～ 3 人 份 (SERVING:2～3Person)

材料 INGREDIENT

澳洲白玉馬鈴薯
400克

迷迭香 2株

奶油 2大匙

鹽、胡椒、砂糖
適量

料理步驟 HOW TO COOK

1.準備材料
—將迷迭香洗淨後切成細末。

2.烹調
—洗乾淨的小馬鈴薯加入鹽水,煮10～15分鐘左右。煮熟到用筷子戳馬鈴薯可以順利戳進去。
—煮熟的馬鈴薯用篩網撈出,靜置在常溫中瀝乾水分。
—平底鍋中放入奶油,加入迷迭香煮到有香味逸出,再加進馬鈴薯翻炒。
—用鹽、胡椒、砂糖調味即完成。

煮馬鈴薯的水必須從冷水開始一起煮。
如果將馬鈴薯放到滾水中滾煮,表皮就會因為熟得太快而出現剝離的現象。
使用微波爐來煮的話,用1/2杯的水跟馬鈴薯放在一起加熱10分鐘即可完成。
澳洲白玉馬鈴薯可以在好市多購得。

Seared Scallops with Basil Pesto
香煎干貝佐羅勒香蒜醬

　　踏進高級餐廳，常常可以看到香煎干貝這道料理，其實在家裡也很容易就能做出來。如果沒有羅勒香蒜醬（青醬），可以簡單用奶油把干貝煎過，就會非常美味。煎得好的干貝，本身就是一道很屬害的料理。

分 量 : 2 人 份 (SERVING:2Person)

材料 INGREDIENT

干貝 4～6顆

芽苗菜 少許
（裝飾用）

奶油 1大匙

鹽、胡椒 適量

醬汁 SAUCE

羅勒香蒜醬 2大匙
（作法參考P246）

料理步驟 HOW TO COOK

1.準備材料
—干貝用餐巾紙擦乾水分之後，用鹽和胡椒調味。

2.烹調
—平底鍋中放入奶油等它融化，再放進干貝，兩面各煎1分鐘左右。干貝如果煎得過久，口感就會太韌，所以重點是要用大火把表面迅速煎過。雖然只各煎1分鐘，不過剩下的餘熱還是可以讓裡面完全熟透。

3.擺盤
—用湯匙將羅勒香蒜醬放上盤子。
—在羅勒香蒜醬上放干貝，最上面用芽苗菜裝飾即完成。

干貝跟蝦子一樣，通常都會在船上先處理過，急速冷凍之後再流通到市場。
購買冷凍干貝時，可以放在冰水中1～2小時解凍。
另外，把干貝快速泡一下醋水再拿出來，肉質就會更有彈性，口感也會變好。

Garlic Butter Grilled Shrimp
香蒜奶油蝦

　　蔚藍海水、美麗浪花和流洩音樂的夜晚，回想之前夏威夷的旅行，就會浮現許多美好回憶，不過最讓我印象深刻的還是歐胡島上的「喬凡尼蝦餐車」（Giovanni's Shrimp Truck）。帶殼上桌的蝦子用手剝開、沾滿香蒜奶油醬汁後，咬下去那瞬間的開心真的很難用言語形容。喬凡尼的蝦子會去掉蝦頭，不過我無法捨棄蝦頭在享用時的濃郁香氣，所以我選擇直接把整隻蝦拿來料理。

分 量 ： 2 人 份 (SERVING : 2 Person)

材料 INGREDIENT

蝦子（中型）10隻
奶油 2大匙
紅辣椒片 1大匙
蒜泥 1大匙
巴西里末 1大匙
鹽、胡椒 適量

料理步驟 HOW TO COOK

1. 用刀把清洗乾淨的蝦子背部切開。去除蝦背上的腸泥後，撒上鹽和胡椒。把蝦背切開再下鍋煎，這樣吃的時候蝦殼比較容易剝開。
2. 平底鍋中放入奶油、蒜泥和紅辣椒片，轉小火翻炒。
3. 等聞到大蒜香氣時，放入蝦子將兩面煎到呈粉紅色。
4. 蝦子熟了之後，撒上巴西里末收尾即完成。

紅辣椒片（Crushed Red Pepper），一般是指印度辣椒磨成的粗片。
也可以將義大利紅辣椒（Peperoncino）磨成片之後代替，辣的味道會更俐落點。

Gambas Al Ajillo
西班牙香蒜辣蝦

　　幾年前在電視上大受好評的一道料理「西班牙香蒜辣蝦」（Gambas Al Ajillo），只要有冷凍去殼蝦仁，做起來就非常簡單，我自己常煮來當作下酒菜享用。西班牙語裡的「gambas」指蝦子，「ajillo」則是醬汁的意思，這道菜的重點就是要倒入足量的橄欖油，完整呈現出蝦子與大蒜的香氣。

分 量 ： 2 人 份 (SERVING:2Person)

材料 INGREDIENT

冷凍去殼蝦仁 10隻
大蒜 6顆
巴西里末 3大匙
義大利紅辣椒 5條
橄欖油、鹽、胡椒
適量

料理步驟 HOW TO COOK

1.準備材料
—將冷凍去殼蝦仁泡入冷水中1～2小時解凍，用餐巾紙擦乾
　水分，加鹽和胡椒調味。
—大蒜去頭尾及外膜，切成薄片。
—義大利紅辣椒用手壓碎。

2.烹調
—平底鍋中倒入足量的橄欖油燒熱，轉小火放入大蒜翻炒，
　直到有大蒜香氣。
—等大蒜變成咖啡色，放入蝦仁和義大利紅辣椒拌一拌。
—用鹽和胡椒調味。
—關火之後撒上巴西里末拌勻收尾即完成。

去殼蝦仁買來時，蝦頭、蝦殼和腸泥已經清理乾淨，可以讓烹調變得更簡單。
將蝦仁分成一次使用的量，分裝保存，要用時再泡冷水1～2小時解凍即可。

Salmon Steak with Cucumber Salad
鮭魚排佐黃瓜沙拉

　　香氣濃郁的鮭魚和清爽可口的小黃瓜沙拉，這道料理很適合配上白酒，或味道較清淡的紅酒。我邀請客人來家裡吃午餐時，常常會做這道菜，因為有時候中午吃太多的肉類料理會有點負擔。重點就是運用削皮器將小黃瓜削成長條的薄片狀作為裝飾。

分 量 ： 2 人 份 (SERVING:2Person)

材料 INGREDIENT

鮭魚片 1塊
（150克）
小黃瓜 1/2條
櫻桃蘿蔔 2顆
義大利芝麻葉
1/2包
橄欖油、鹽、胡椒
適量

淋醬 DRESSING

特級初榨橄欖油
2小匙
白酒醋 1小匙

工具 TOOL

削皮器（削皮刀）

料理步驟 HOW TO COOK

1.準備材料
－鮭魚片用餐巾紙擦乾水分，加鹽和胡椒調味。
－小黃瓜洗淨、去頭尾，用削皮器削出長長的薄片。
－櫻桃蘿蔔切成圓薄片。

2.烹調
－將平底鍋完全預熱後，開大火，倒入橄欖油並讓鮭魚的魚皮面先碰到鍋面。馬上轉成中小火讓一面變熟。
－用鍋鏟輕輕地壓，讓整體熟透。
－等魚皮均勻變熟之後，再翻面煎另一面。
－將特級初榨橄欖油和白酒醋倒入碗中，攪拌均勻。接著再把義大利芝麻葉洗淨後放入拌勻。

3.擺盤
－將義大利芝麻葉盛到盤子上，圍成一個大圓形。
－在義大利芝麻葉之間插入小黃瓜長薄片，和櫻桃蘿蔔片。
－最後在中間放上煎好的鮭魚片即完成。

Bass Steak with Potato Puree
鱸魚排佐馬鈴薯泥

　　我在學習法式料理的時候，如果說有樣最讓我開心的食材，那就是「鱸魚」（Sea Bass）了。鱸魚圓圓胖胖、肉質豐富，可以輕鬆把肉整個剝下來，很有料理的樂趣。另外，鱸魚清淡香甜的味道適合各種料理，只要稍微放入奶油煎一下，加上口感柔軟的馬鈴薯泥，就是最棒的搭配方式。

分 量 ： 1 人 份 (SERVING:1Person)

材料 INGREDIENT

鱸魚片 1片
（150克）

奶油 1大匙

橄欖油、鹽、胡椒
適量

細葉芹 2株
（裝飾）

馬鈴薯泥 1/2杯
（作法參考P128）

料理步驟 HOW TO COOK

1.準備材料
一鱸魚片用餐巾紙擦乾水分，加鹽和胡椒調味。

2.烹調
一將平底鍋完全預熱後，開大火，倒入橄欖油並讓鱸魚的魚皮面先碰到鍋面。馬上轉成中小火先將一面煎熟。
一可以用鍋鏟輕輕地壓，讓整體熟透。
一等魚皮均勻變熟之後，再翻面煎另一面。

3.擺盤
一將馬鈴薯泥放到盤子上裝飾。
一擺上鱸魚片，並用細葉芹（chervil）裝飾收尾即完成。

05.Pasta
義大利麵

Perfectly Cook Pasta Noodles
完美煮出義大利麵條的 6 種方法

1. 用大的湯鍋煮麵

義大利麵之間可能會黏在一起，要用比較大、比較深的湯鍋，加入足夠的水煮麵條才不會相黏。

2. 水煮滾之後 ，先放鹽再放義大利麵

滾煮義大利麵的時候先加點鹽，真的可以讓義大利麵變得更美味。要把義大利麵煮得好吃的黃金比例就是「水：義大利麵：鹽＝ 100：10：1」，這個一定要知道。

3. 義大利麵剛下鍋時，要一直攪拌

有人建議煮的時候加一點油可以防止麵條黏在一起，不過許多專家都說這個方法的效果不大。另外，如果義大利麵的表面被橄欖油包住，麵條有可能沒辦法入味。因此，最有效可以防止麵條相黏的方法，就是在義大利麵剛下鍋時，不停地一直攪拌。

4. 比義大利麵包裝上標示的時間再少煮 1 ～ 2 分鐘

每一種義大利麵熟的時間都不一樣，建議按照包裝上標示的時間煮才不容易沒熟或過軟。不過經過多次的實驗結果，我發現煮的時候比標示時間少煮 1 ～ 2 分鐘，然後和醬汁一起拌煮時放一勺煮麵水多煮 1 ～ 2 分鐘，這樣最能入味。

5. 義大利麵絕對不要洗過

建議不要用水沖義大利麵。用水沖會讓澱粉流失，麵就無法充分吸收醬汁並入味。

6. 煮麵的水不要倒掉

煮麵水可以讓醬汁更濃稠，更能幫助醬汁吸附在麵條上。

Measuring Pasta Noodles
義大利麵計量法

　　做出非常美味的醬汁，也煮出熟度相當完美的義大利麵了，這時如果義大利麵的分量抓錯，就會因為醬汁過多或太少而感受不到應有的滋味。想著硬幣的大小來對照，就可以輕鬆抓出義大利麵的分量，更能輕鬆做出剛剛好的義大利麵料理。

1. 食量是一般大小的時候
　　乾麵 70 克 → 將整把麵握起來時，橫面大約一塊錢硬幣大小

2. 食量比較大的時候
　　乾麵 90 克 → 將整把麵握起來時，橫面大約十塊錢硬幣大小

Aglio Olio Pasta
香蒜橄欖油義大利麵

　　香蒜橄欖油義大利麵（Aglio Olio）是義大利麵中的經典，可以同時享受大蒜和橄欖油的風味。再加上些許義大利紅辣椒（Peperoncino），一道口味近乎完美的義大利麵就誕生了！醬汁沒有其他特殊的材料，重點就在於要用品質好的油和香味夠濃的大蒜，麵才會好吃。

分 量 ： 2 人 份 (SERVING:2Person)

材料 INGREDIENT

義大利麵 140克
（1人份：70克）

大蒜 8顆

義大利紅辣椒
4～5條

橄欖油、鹽、胡椒
適量

料理步驟 HOW TO COOK

1.準備材料

－將大蒜切成薄片。

－義大利紅辣椒用手壓碎。如果想要降低辣度，可以直接整條下鍋拌炒。家裡沒有義大利紅辣椒的話，也可以使用青陽辣椒或是乾的紅辣椒代替。

2.烹調

－水滾之後放入鹽和義大利麵，煮的時間比包裝上標示的再少1～2分鐘。

－平底鍋中倒入橄欖油，用小火翻炒蒜片。

－等蒜片轉為咖啡色，將義大利紅辣椒放入拌炒。

－麵熟後撈出放到平底鍋，加一勺煮麵水多煮1～2分鐘。

－用鹽和胡椒調味。

3.擺盤

－先在鍋中用筷子將麵（不含其他配料）繞圈後放入盤子。

－放上大蒜、醬汁裝飾即完成。

料理色彩只有一種、形狀單一時，建議用能帶出亮點的華麗碗盤來搭配。相反地，如果食物顏色和形狀已經夠豐富、華麗，用單純的白盤會比較適合。

Pasta Plating
善用筷子做義大利麵擺盤

國外的主廚都會用「主廚叉」（Chef's Fork）這個工具來捲義大利麵，不過我們只要有一雙筷子，就可以馬上完成美麗的義大利麵擺盤。在義大利麵要起鍋之前，先用筷子把麵條一圈圈捲起來，再放上盤子。

就像這樣，利用廚房裡原有的工具，稍微努力一下就可以享受美麗的視覺饗宴了，擺盤並不是一件那麼艱難的工程。

Bacon Cream Pasta
培根奶油義大利麵

　　我常做簡單的奶油義大利麵來吃。只要家裡有優質培根、料理用鮮奶油和洋蔥，就能做出香濃的義大利麵。如果喜歡清淡滋味，就減少鮮奶油的量、加入等量牛奶即可。多嘗試幾次，就可以找到專屬自己的黃金比例。

分 量 ： 2 人 份 (SERVING:2Person)

材料 INGREDIENT

義大利寬麵 140克
（1人份：70克）
培根 2片
洋蔥 1/2顆
橄欖油、鹽 適量
胡椒粒 適量

醬汁 SAUCE

鮮奶油 1杯

料理步驟 HOW TO COOK

1.準備材料
－將培根切成0.5公分的寬片。
－洋蔥去頭尾及外皮，切細絲。

2.烹調
－水滾之後放入鹽和義大利寬麵（Fettuccine），煮的時間
　比包裝上標示的再少1～2分鐘。
－平底鍋中倒入橄欖油，翻炒培根和洋蔥。如果選用的培根
　油脂比較多，就不需要加油。
－等培根翻炒到表面酥脆，倒入鮮奶油轉中火慢燉。
－麵熟了之後撈出，放到煮醬汁的平底鍋，加一勺煮麵水再
　煮1～2分鐘。
－用鹽調味。

3.擺盤
－將義大利麵及醬汁一起盛盤。
－稍微撒上一些胡椒粒即完成。

An Inalienable Taste, Whole Black Pepper
無法取代的好滋味——胡椒粒

通常我都喜歡用聰明、簡便的料理方法，不過有件事再怎麼麻煩我也絕對不會省略，那就是使用胡椒粒。一般如果去賣場，常常可以看到已經磨成粉狀的胡椒粉。不過我喜歡買整粒的胡椒粒回家，等要用的時候再現場磨成粉，因為胡椒粒跟已經被磨成粉狀販售的胡椒粉，味道和香氣都不一樣，胡椒粒直到被研磨之前都能保留胡椒原有的香氣。

最近市面上出現許多胡椒磨床（grinder，研磨器）連著胡椒罐的產品。建議買胡椒粒回家，磨碎之後加入肉類、海鮮義大利麵等各種料理享受看看吧！相信一定能開啟另一個味覺的新世界。

All About Tomato Can
番茄罐頭的大小事

　　許多國外的主廚，都覺得大部分的台灣番茄水分太多、而且顏色偏淺，所以製作番茄醬汁時經常會選用番茄罐頭。雖然被叫做罐頭，不過其中並沒有番茄以外的任何添加物，是在新鮮狀態直接密封保存，所以還是可以製作出相對美味的番茄醬汁。

　　那麼首先，我們先來看看賣場中各種不同的罐頭有什麼差別。

1. 整粒番茄罐頭（Whole Tomatoes）：將番茄去皮之後整顆放入

又被稱為「泡在番茄汁裡的去皮番茄」（Peeled in tamato juice）」，
這裡說的番茄汁也是從番茄本身流出的，因此可以一起加入料理中使用。
整粒番茄罐頭可以用來做番茄濃湯、番茄醬汁和燉番茄等番茄料理，用途
非常多。

2. 切片番茄罐頭（Sliced Tomatoes）：將去皮的番茄加工切過

切片番茄罐頭跟整粒番茄罐頭一樣，適合用來做各式各樣有番茄材料
的食譜。

**3. 番茄泥罐頭（Tomato Puree）：番茄去皮去籽之後，將果肉、果
汁熬煮過**

番茄泥罐頭因為熬煮過，所以特點是味道比整粒番茄罐頭和切片番茄
罐頭更濃縮。同樣可以運用在各種番茄料理中，也可以直接當披薩醬使用。

**4. 番茄糊罐頭（Tomato Paste）：在番茄泥中添加砂糖、紅椒粉
（paprika）和鹽等佐料，比其他罐頭更濃稠**

如果料理中的新鮮番茄選用的是國產番茄，這時番茄糊罐頭就是最好
的幫手。國產番茄的顏色和味道都比義大利番茄更淡，所以如果是直接用
新鮮番茄製作番茄醬汁或是燉番茄料理，加入一點番茄糊就可以調整顏色
和味道的平衡。不過番茄糊帶有酸味，需要先稍微炒過再使用。

Homemade Tomato Sauce
自製番茄醬汁（紅醬）

　　這是一道運用番茄罐頭做出來的基本食譜。製作時加入自己喜歡的香草或蔬菜也很不錯。嘗試看看自己做出美味的番茄醬汁，送給珍惜的好友吧！這將會成為讓對方印象深刻的一份禮物

材料 INGREDIENT

整粒番茄罐頭 1罐
（400克）

洋蔥 1/2顆

大蒜 3顆

羅勒葉 4片

水 1杯

橄欖油、鹽、胡椒
適量

料理步驟 HOW TO COOK

1.準備材料

－洋蔥去頭尾及外皮後切絲。

－大蒜去頭尾及外膜後切成薄片。

－羅勒葉洗淨、切碎。

2.烹調

－在平底鍋中倒入橄欖油，翻炒大蒜到香氣逸出。

－等聞到大蒜香氣時，放入洋蔥炒到顏色變得透明。

－等洋蔥變透明，倒入整粒番茄罐頭、羅勒葉和水，充分攪拌均勻。

－轉中小火，慢燉約30分鐘。隨時攪拌以免底下沾鍋。

－用鹽和胡椒稍微調出淡淡的味道即完成。番茄醬汁的調味一定要淡，之後跟其他副材料一起烹調時才不會太鹹。

Tomato Sauce Zucchini Lasagna
番茄醬汁櫛瓜千層麵

　　千層麵（Lasagna）是一道用面積較寬的義大利麵，和裡面的材料一層一層輪流交疊、放進烤箱烘烤的料理。一般傳統上只有在特別的日子，或是有特別的客人來訪時才會做。「番茄醬汁櫛瓜千層麵」跟一般傳統的千層麵不一樣，只需要非常簡單的幾個步驟就可以完成。這道美味無論是誰都會喜歡，特別的日子裡我也一定會做來吃。

分量 : 2 人份 (SERVING:2Person)

材料 INGREDIENT

千層麵 6片

櫛瓜 1/2條

莫札瑞拉起司 1杯

瑞可塔起司 1杯

羅勒葉 10片

橄欖油、鹽、胡椒
適量

醬汁 SAUCE

番茄醬汁 2杯
（作法參考P241）

水 1杯

工具 TOOL

削皮器（削皮刀）

料理步驟 HOW TO COOK

1.準備材料

－將烤箱預熱到200℃；或以200℃加熱10分鐘。

－櫛瓜洗淨，用削皮器削成長長的薄片。

－羅勒葉洗淨、切碎。

－番茄醬汁加入水拌勻，用鹽和胡椒調出淡淡的味道。

2.烹調

－在乾鍋上稍微將櫛瓜煎過。放涼之後直切分半。

－水滾之後放入鹽和千層麵，煮的時間比包裝上標示的再少
 1～2分鐘。

－煮熟的麵一片一片撈出，放在一旁備用。

－在要放進烤箱的容器上塗抹橄欖油，鋪上一點番茄醬汁。

－在6片千層麵之間都塗上番茄醬汁，並輪流鋪上櫛瓜、莫札
 瑞拉起司、和瑞可塔起司。鋪排順序如下：

千層麵1＞番茄醬汁、瑞可塔起司1/3杯＞千層麵2＞番茄醬汁、櫛瓜、莫札瑞拉起司1/3杯＞
千層麵3＞番茄醬汁、瑞可塔起司1/3杯＞千層麵4＞番茄醬汁、櫛瓜、莫札瑞拉起司1/3杯＞
千層麵5＞番茄醬汁、瑞可塔起司1/3杯＞千層麵6＞番茄醬汁、櫛瓜、莫札瑞拉起司1/3杯

－在烤箱用200℃烤約10～15分鐘，將起司烤到完全融化。

3.擺盤

－把千層麵從烤箱拿出後，撒上切碎的羅勒葉收尾即完成。

Homemade Basil Pesto
自製羅勒香蒜醬（青醬）

香蒜醬（pesto）是一種沒有經過加熱烹調的醬汁，用新鮮的羅勒、大蒜、堅果、帕瑪森起司和橄欖油製作而成的青醬。跟番茄醬汁一樣用途多元，只要有調理機就可以做出來，方法非常簡單。

分 量 ： 2 人 份 (SERVING:2Person)

材料 INGREDIENT

羅勒 50克

松子 30克

帕瑪森起司 30克

蒜泥 2大匙

特級初榨橄欖油 1/2杯

料理步驟 HOW TO COOK

1.準備材料

－用流動的水將羅勒清洗乾淨後瀝乾。

－松子放到平底鍋中炒出香氣撈出備用。

－帕瑪森起司用刨刀刨成絲。

2.烹調

－將羅勒、松子、帕瑪森起司、蒜泥、橄欖油全部放入調理機中攪打均勻即完成。

Basil Pesto Shrimp Pasta
羅勒香蒜鮮蝦義大利麵

分量 ： 2 人 份 (SERVING：2Person)

材料 INGREDIENT

義大利寬麵 140克
（1人份：70克）

蝦子（中型） 10隻

大蒜 4顆

小番茄 10顆

橄欖油、鹽、胡椒
適量

羅勒葉 適量
（裝飾）

醬汁 SAUCE

羅勒香蒜醬 1杯
（作法參考P246）

料理步驟 HOW TO COOK

1.準備材料
— 將蝦子的頭切掉、外殼剝下來。牙籤戳入蝦子的第2節背
　部，將腸泥挑出來，在背部劃一刀。
— 大蒜去頭尾、外膜後切成薄片。
— 小番茄洗淨、去蒂後對半切開。

2.烹調
— 水滾之後放入鹽和義大利寬麵，煮的時間比包裝上標示的
　再少1～2分鐘，撈出備用。
— 平底鍋倒入橄欖油燒熱後，轉小火翻炒大蒜到出現香氣。
— 等聞到大蒜香氣之後，加入小番茄和蝦子翻炒，蝦子變成
　粉紅色時將蝦子另外盛盤。蝦子如果煮太久，口感會太乾
　硬，建議先盛盤等最後再加入拌勻比較好。
— 放入麵條並加一勺煮麵水和羅勒香蒜醬一起熬煮收汁。
— 重新放回蝦子攪拌均勻，之後用鹽和胡椒調味。

3.擺盤
— 義大利麵盛盤之後用羅勒葉片裝飾。
— 用筷子做些微調整，讓表面可以看到蝦子即完成。

Arrabbiata Pasta
香辣茄醬義大利麵

　　我在壓力很大的時候，就會幫自己做香辣茄醬義大利麵。這道料理的原文 Arrabbiata，在義大利語中是「憤怒」的意思，加入義大利紅辣椒（Peperoncino）就可以享受微辣的義大利麵。如果把義大利紅辣椒調整成平常分量的 1.5 倍，一吃下去就有種痛快的感覺，壓力都會消失不見。

分 量 ： 2 人 份 (SERVING:2Person)

材料 INGREDIENT

義大利麵 140克
（1人份：70克）

小番茄 7顆

培根 3片

大蒜 4顆

義大利紅辣椒
4～5條

芽苗菜葉 適量
（裝飾）

橄欖油、鹽、胡椒
適量

醬汁 SAUCE

番茄醬汁 2杯
（作法參考P241）

料理步驟 HOW TO COOK

1.**準備材料**

－小番茄洗淨，對半切開。

－培根切成細條狀。

－大蒜去頭尾及外膜，切薄片。

－義大利紅辣椒用手壓碎。如果想要降低辣度，可以直接整
條下鍋拌炒。家裡沒有義大利紅辣椒的話，也可以使用青
陽辣椒或是乾的紅辣椒代替。

2.**烹調**

－水滾之後放入鹽和義大利麵，煮的時間比包裝上標示的再
少1～2分鐘。

－平底鍋中倒入一點點橄欖油，用小火翻炒培根和大蒜。

－等大蒜變成咖啡色時，放入小番茄和義大利紅辣椒炒過，
再加入番茄醬汁熬煮。

－麵熟了之後撈出，放入煮醬汁的平底鍋中，加一勺煮麵水
再煮1～2分鐘。

－用鹽和胡椒調味。

3.**擺盤**

－義大利麵盛盤之後，用芽苗菜葉裝飾即完成。

Pollack Roe Pasta
明太子義大利麵

明太子是我最喜歡的食材之一。明太子的美味不論是在義大利麵、烏龍麵、飯或湯，每種料理中都能發揮。也因為這樣，我還認真想過要不要開一間專賣明太子料理的餐廳。這道菜就是當時我設計的，家裡如果有瓦斯槍（Torch），稍微烤一下明太子就能享受炙燒風味。

分量 : 2 人 份 (SERVING:2Person)

材料 INGREDIENT

義大利麵 140克
（1人份：70克）

低鹽明太子 2條

洋蔥 1/2顆

義大利紅辣椒
4～5條

白酒 2大匙

橄欖油、鹽、胡椒
適量

工具 TOOL

瓦斯槍（Torch）

料理步驟 HOW TO COOK

1.準備材料

—其中1條明太子作為料理頂部的配料，將上半部的明太子劃
　出深一點的刀痕。另一條從中間（橫切面）切半之後，把
　魚卵刮下來。

—洋蔥去除頭尾、外皮，切成細絲。

—義大利紅辣椒用手壓碎。如果想要降低辣度，可以直接整
　條下鍋拌炒。家裡沒有義大利紅辣椒的話，也可以使用青
　陽辣椒或是乾的紅辣椒代替。

2.烹調

—在滾水中放入用刀劃過的明太子煮熟。

—撈出明太子之後，放入義大利麵，煮的時間比包裝上標示
　的再少1～2分鐘，撈出、瀝乾備用。

—平底鍋中倒入多一點橄欖油，以中火將洋蔥炒到透明。

—加入被刮下來的魚卵，立刻倒入白酒去除腥味。

—放義大利紅辣椒一起翻炒，再將煮熟的麵和一勺煮麵水倒
　入煮1～2分鐘收汁。

—用鹽和胡椒調味。

—滾水燙熟的明太子用瓦斯槍烘烤上半部，做出炙燒風味。

3.擺盤

—義大利麵盛盤之後，放上炙燒過的明太子即完成。

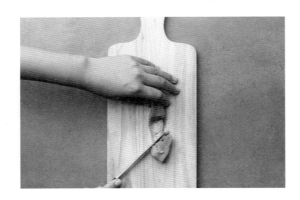

Tomato Basil Fusilli Pasta
番茄羅勒螺旋麵

每當辦一些派對或是野餐活動，需要先準備好一些義大利麵時，我都很喜歡做番茄羅勒螺旋麵。因為只要拌入滿滿的特級初榨橄欖油，麵就不會變得太乾。不需要另外準備醬汁，用新鮮番茄、羅勒、橄欖油就能享受原汁原味的義大利麵風味。

分量：2 人份 (SERVING:2Person)

材料 INGREDIENT

螺旋麵 140克
（1人份：70克）

小番茄 10顆

羅勒葉 10片

洋蔥 1/4顆

蒜泥 1大匙

花生碎 2大匙

特級初榨橄欖油
1/2杯

鹽、胡椒 適量

料理步驟 HOW TO COOK

1.準備材料

－將5顆小番茄洗淨，切成4～6等分，其他5顆不用切。

－羅勒葉摘下小片的洗淨做裝飾，其他捲起來切成碎末。

－洋蔥去頭尾及外皮，切成末之後稍微用冷水沖過，去除辛辣的味道。

2.烹調

－水滾之後放入鹽和螺旋麵，依照包裝上標示的時間滾煮。

－在大碗中倒入特級初榨橄欖油，加入番茄、羅勒葉、洋蔥、蒜泥、花生碎一起攪拌。

－煮好的義大利麵撈出靜置一下子，再和其他材料拌勻。為了讓麵可以完全吸附醬汁，建議多攪拌久一點。

－用鹽和胡椒調味。由於煮麵的時候，麵體已經有某種程度的鹹味，所以最後只要加一點點鹽就好。

3.擺盤

－義大利麵盛盤後，放上用來裝飾的羅勒葉即完成。

Vongole Pasta
白酒蛤蜊義大利麵

　　白酒蛤蜊義大利麵是一道簡單俐落又清淡的料理。加入白酒可以去除蛤蜊的腥味,而且重點就是要讓白酒獨特的香氣滲入蛤蜊的肉中。平常湯汁可以煮少一點,不過如果需要消除宿醉,可以多煮點湯,喝下去會覺得非常舒服。

分 量 ： 2 人 份 (SERVING:2Person)

材料 INGREDIENT

義大利麵 140克
（1人份：70克）

文蛤 1包
（10～14個）

大蒜 3顆

義大利紅辣椒 3條

白酒 1/2杯

橄欖油、鹽、胡椒
適量

芽苗菜葉 適量
（裝飾）

料理步驟 HOW TO COOK

1.準備材料
－文蛤用流動的水清洗過，泡入鹽水約1小時吐沙。不一定要
　用文蛤，也可以用花蛤、赤貝、貽貝等各種不同的貝類。
－大蒜去頭尾及外膜後切成薄片。
－義大利紅辣椒用手壓碎。

2.烹調
－水滾之後放入鹽和義大利麵，煮的時間比包裝上標示的再
　少1～2分鐘。
－平底鍋中倒入橄欖油，用小火翻炒大蒜到出現香氣。
－加入文蛤一起炒，之後再放入義大利紅辣椒和白酒。
－蓋上鍋蓋，煮到文蛤變熟打開。
－文蛤一打開就要將文蛤拿出來。
－撈出煮好的義大利麵，放入文蛤湯汁中再煮1～2分鐘。
－用鹽和胡椒調味。

3.擺盤
－義大利麵和湯汁盛盤之後，再放上文蛤。
－用芽苗菜葉裝飾各處即完成。

Carbonara
培根蛋麵

　　我們非常熟悉的培根蛋麵（Carbonara），跟紅醬、橄欖油義大利麵一樣，都可以稱做是基本款的經典義大利麵。不過現在餐廳裡常吃到的培根蛋麵，都是加了奶油做成的，跟義大利傳統的培根蛋麵完全不一樣。傳統的培根蛋麵中只加了培根、蛋黃跟起司而已。

分 量 ： 2 人 份 (SERVING:2Person)

材料 INGREDIENT

義大利麵 140克
（1人份：70克）

培根 4片

蛋黃 2顆

磨碎的帕瑪森起司
1/2杯

橄欖油、鹽、胡椒
適量

料理步驟 HOW TO COOK

1.準備材料

－培根切成細條狀。

－將蛋黃和一半磨碎的帕瑪森起司放進碗中攪拌均勻。

2.烹調

－水滾之後放入鹽和義大利麵，煮的時間比包裝上標示的再少1～2分鐘。

－平底鍋中倒入一點點橄欖油把培根炒過。

－加入煮熟的麵和一勺煮麵水，跟培根拌勻並收汁。

－用鹽調味。

－等麵熟透之後將鍋子離火，放入拌好的帕瑪森起司和蛋黃。此時用筷子快速攪拌　讓蛋像滑蛋一樣不要熟透。

3.擺盤

－將拌好的麵立刻裝到盤子上。

－撒上剩下的帕瑪森起司和胡椒即完成。

Shrimp Green Onion Pasta
鮮蝦青蔥義大利麵

鮮蝦和青蔥不僅在味道上，在顏色上也是絕配的組合。將青蔥和大蒜用油炒過，讓蝦子入味，咀嚼入口時嘴裡的香氣就會讓人心情很好。蝦子一定要稍微炒過才不會柴掉，也可以維持清脆爽口的口感。這道料理搭配白酒品嘗也非常不錯。

分量 ： 2 人 份 (SERVING : 2Person)

材料 INGREDIENT

寬帶麵 140克
（1人份：70克）

蝦子（中型） 8隻

青蔥 2株

大蒜 4顆

紅辣椒片 2大匙

橄欖油、鹽、胡椒
適量

完成 FINISH

特級初榨橄欖油
1大匙

料理步驟 HOW TO COOK

1. 準備材料

－將蝦子的頭切掉、外殼剝下來。牙籤戳入蝦子的第2節背
　部，將腸泥挑出來。

－青蔥切成6公分的長段之後，對半切開再細切成絲。

－大蒜去頭尾及外膜，切薄片。

2. 烹調

－水滾之後放入鹽和義大利麵，煮的時間比包裝上標示的再
　少1～2分鐘。

－在平底鍋中倒入橄欖油，轉小火翻炒大蒜到出現香氣。

－加入青蔥絲，等蔥變軟再放紅辣椒片和鮮蝦一起翻炒。

－蝦子炒2～3分鐘之後另外盛盤。蝦子如果煮太久，口感會
　太乾硬。

－麵熟後撈出，放入炒蝦子的平底鍋中，加一勺煮麵水再煮
　1～2分鐘。

－用鹽和胡椒調味。

－重新放回蝦子攪拌均勻。

3. 擺盤

－用筷子做些微調整，讓表面可以看到蝦子，灑上特級初榨
　橄欖油即完成。

紅辣椒片（Crushed Red Pepper），一般是指印度辣椒磨成的粗片。
也可以將義大利紅辣椒（Peperoncino）磨成片之後代替，辣的味道會更俐落點。

06.Risotto
燉飯

Risotto Cooking Skills
讓燉飯更美味，5 件你該注意的事

　　燉飯（Risotto）是用奶油或橄欖油稍微將米炒過之後，倒入高湯，加入蔬菜、辛香料、肉類、海鮮等配料一起熬煮的飯料理。除了白米之外，隨著添加配料的不同，可以變化出各種不同滋味的燉飯。美味燉飯的標準，就是要把米煮到軟嫩又帶有嚼勁，跟其他食材和諧地搭配在一起。燉飯的基本烹調方法相當簡單，在家裡也能做出極具美味的燉飯料理。下面就來介紹幾項讓燉飯更美味的製作祕訣。

1. 米不要洗過直接使用

義大利主廚們都説：「製作燉飯時，米絕對不可以洗。」因為米一旦洗過、表面的澱粉被沖掉之後，就做不出有嚼勁的燉飯了。亞洲的料理習慣，通常都會把米洗過、泡到稍微有點發脹之後再煮，用我們的標準看，可能會覺得米沒有洗過有點怪怪的。如果真的很在意，可以在料理前用水快速沖一下、去掉髒東西即可。

2. 先用奶油將米翻炒過

鍋中放入米及奶油，以小火輕輕攪拌炒，直到每一粒米都裹上奶油，這個過程稱為「nacre（法文中的珍珠）」。經過這道手續，米粒香氣會更濃郁，也不會變得軟爛。這時需要留意的是，只要翻炒到米粒顏色轉為透明即可；如果炒太久，米粒中的澱粉不會繼續釋出，就做不出帶有彈牙口感的燉飯。

3. 不斷攪拌米粒

傳統燉飯的烹調方法是一勺一勺分次倒入高湯。原因是這樣可以避免米粒彼此相黏、讓每粒米均勻熟透。不過現在有許多人認為，只要使用面積較寬的平底鍋，並且不斷攪拌米粒，就可以一次下多一點高湯來烹調，也能有同樣的效果。

4. 將米粒煮到「彈牙」（al dente）的程度

燉飯不是稀飯。實際上在義大利吃到燉飯料理時，米粒中間的米芯會帶有嚼勁、呈現彈牙（al dente）的口感。雖然國內大部分的人都習慣吃到完全熟透的飯，所以也比較偏好比彈牙口感更軟一點的燉飯；不過別忘了，真正的燉飯絕對不可以煮得像稀飯一樣軟爛喔！

5. 除了米之外的配料另外烹調

除了米之外的蔬菜、香菇、肉類、海鮮等配料必須另外烹調，才能享受到燉飯原有的口感及味道。建議配料等米飯烹調完成之前再拌入，或是完成後淋到飯上做收尾。不過像洋蔥末或大蒜等，這些連同米飯一起翻炒能增添風味的配料食材，就可以視為例外。

Shiitake Cream Risotto
奶油香菇燉飯

　　我的家人最喜歡我做的奶油香菇燉飯了。我會準備全家都喜歡的菇類食材，稍微翻炒過再放到煮好的燉飯上。光是看到大家吃得津津有味的樣子，也讓我覺得非常幸福。

分量：2 人份 (SERVING:2Person)

材料 INGREDIENT

喜歡的菇類 100克
米 1杯
大蒜 4顆
帕瑪森起司 30克
奶油 1大匙
橄欖油、鹽、胡椒
適量
鮮奶油 1杯
雞高湯 4～5杯
（作法參考P84）

料理步驟 HOW TO COOK

1.準備材料
－菇類用餐巾紙擦拭乾淨後，切成方便吃下的一口大小。
－大蒜去頭尾及外膜，切成薄片。
－帕瑪森起司用刨刀刨成絲。
－將雞高湯弄熱備用。

2.烹調
－在寬一點的平底鍋中倒入橄欖油，稍微翻炒過菇類，之後用鹽、胡椒調味，另外盛盤。
－在同一個平底鍋中放入橄欖油、奶油和大蒜翻炒，之後加米翻炒到顏色變得透明。
－等米變得透明時，倒入3～4勺雞高湯。
－過程中要隨時攪拌。（反覆加高湯、攪拌直到熟透。）
－等米快熟透時，加入鮮奶油和1大匙帕瑪森起司熬煮收汁。
－最後用鹽和胡椒調味。

3.擺盤
－將燉飯盛到碗中。
－放上炒過的菇類，撒上帕瑪森起司即完成。

Tomato Seafood Risotto
番茄海鮮燉飯

　　一提到「燉飯」，大家通常都會先想到奶油口味的燉飯，但其實製作義大利麵時會用到的醬汁全都可以運用在燉飯料理中。如果喜歡口味清淡一點，那麼向你推薦這道番茄海鮮燉飯。準備好自己喜歡的海鮮食材，就可以做出有豐富層次口感的燉飯了。

分 量 ： 2 人 份 (SERVING:2Person)

材料 INGREDIENT

綜合海鮮
（墨魚 1隻、
蝦子 6隻、
文蛤 3個、
赤貝 3個）

大蒜 4顆

米 1杯

洋蔥 1/4顆

奶油 1大匙

橄欖油、鹽、胡椒
適量

巴西里 1株
（裝飾）

番茄醬汁 1杯
（作法參考P241）

雞高湯 4～5杯
（作法參考P184）

料理步驟 HOW TO COOK

1.準備材料
— 墨魚洗淨、用餐巾紙將表皮擦拭後，切成有厚度的圈狀。
— 貝類食材用刷子把外殼刷乾淨，泡鹽水約1小時吐沙。
— 洋蔥去頭尾及外皮，切丁。
— 把大蒜去頭尾及膜，切片。
— 將雞高湯弄熱備用。

2.烹調
— 湯鍋中倒橄欖油燒熱，放入大蒜翻炒到香氣逸出，之後加
　海鮮一起拌炒。
— 轉小火熬煮，放進番茄醬汁並蓋上鍋蓋。用小火慢燉到貝
　類食材都打開。如果有白酒，可以先加一點熬煮，之後再
　倒入番茄醬汁也不錯，煮到入味後倒出備用。
— 取寬一點的平底鍋倒入橄欖油和奶油並放入洋蔥，以小火
　一起拌炒，之後加米翻炒到顏色變得透明。
— 等米變得透明時，倒入3～4勺雞高湯。
— 炒煮過程中隨時攪拌。（反覆加高湯、攪拌直到熟透。）
— 等米幾乎完全熟透時，加入事先炒過的海鮮和番茄醬汁熬
　煮收汁。
— 最後用鹽和胡椒調味。

3.擺盤
— 用切碎的巴西里裝飾收尾即完成。

Garnishing with Tuile
蕾絲瓦片盤飾

　　擺盤時，我最喜歡的裝飾菜就是蕾絲瓦片（Tuile）了。不論是牛排、義大利麵或沙拉，只要放上幾片蕾絲瓦片裝飾，就能讓整道菜變得典雅時尚。蕾絲瓦片一般分為放進烤箱烤的烘焙蕾絲瓦片，以及放在平底鍋裡烤的蕾絲瓦片。用麵粉、帕瑪森起司、海藻粉、蕎麥粉等各種材料都可以做出蕾絲瓦片，不過我最常做的還是用麵粉、水和油製成的基本款。

　　如果想做出蜂巢形狀的網格蕾絲瓦片，需要一定程度的練習。我自己一開始也遇過很多問題，雖然手上有各種蕾絲瓦片的食譜，但在還沒掌握要領的狀態下經常失敗，周圍很容易裂開。即使如此，我也捨不得放棄這項裝飾菜，所以我把自己在錯誤經驗中累積的訣竅整理出來跟大家分享。

基本蕾絲瓦片材料

水 90克

食用油 20克

麵粉 10克

墨魚汁蕾絲瓦片材料

水 100克

食用油 20克

麵粉 10克

墨魚汁 5克

蕾絲瓦片製作方法

1. 將所有材料攪拌均勻。
2. 轉大火將平底鍋預熱之後，放入攪拌好的材料。這時用手腕轉動平底鍋，讓材料可以均勻分布到整個鍋面。要注意的重點是，絕對不能用打蛋器或是筷子攪動。
3. 表面熟了之後，立刻轉成小火讓裡面熟透。如果沒有轉成小火，很容易就會燒焦。
4. 等整體熟透變硬之後，慢慢從平底鍋中剝下來。
5. 放到餐巾紙上吸油。
6. 切成自己需要的大小運用。

在製作有顏色的蕾絲瓦片時，我喜歡使用甜菜、梔子花、藍莓等天然的食材上色。
這時只需要在跟水等量的天然染色食材中加入水並混合均勻即可。

*裝飾菜（garnish）：用來裝飾或搭配料理、飲品的食材。

White Wine Clam Risotto
白酒蛤蜊燉飯

　　我小時候其實很不喜歡蛤蜊。不過在一次偶然的機會下，我嘗到了赤貝之後，就迷上了那帶有嚼勁的口感及味道，之後也運用在各種不同的料理中。做白酒蛤蜊燉飯時，可以把煮蛤蜊的水當作高湯，所以這道燉飯料理做起來也更輕鬆簡便。今天也來嘗嘗帶有濃濃海洋風味的蛤蜊料理吧！

分 量 ： 2 人 份 (SERVING:2Person)

材料 INGREDIENT

赤貝 1包（300克）

米 1杯

大蒜 4顆

白酒 1/2杯

水 6杯

洋蔥 1/4顆

奶油 1大匙

橄欖油、鹽、胡椒
適量

細葉芹 2～3株
（裝飾）

蕾絲瓦片 適量
（作法參考P285）

料理步驟 HOW TO COOK

1.準備材料

—赤貝用流動的水清洗過，泡入鹽水約1小時吐沙。

—大蒜去頭尾及外膜，切成薄片。

—洋蔥去頭尾及外皮，切丁。

2.烹調

—在湯鍋中倒入橄欖油，翻炒大蒜到出現香氣。

—放入赤貝稍微炒一下，加入白酒，蓋上湯鍋的蓋子。

—赤貝一打開之後，加水煮到水滾。

—用篩網撈出赤貝，將赤貝與高湯另外分開來。高湯在湯鍋
  中繼續加熱。

—用寬一點的平底鍋放入橄欖油和奶油，稍微把洋蔥炒過，
  再加米翻炒到顏色變得透明。

—等米變得透明時，倒入3～4勺赤貝高湯。

—過程中要隨時攪拌。（反覆加高湯、攪拌直到熟透。）

—最後用鹽和胡椒調味。

3.擺盤

—將燉飯盛到盤子中。

—在上面放上赤貝。

—在赤貝之間插入蕾絲瓦片和細葉芹裝飾即完成。

Squid Ink Cream Risotto
奶油墨魚黑燉飯

　　只要有墨魚汁，就可以輕鬆做出這道料理！墨魚汁不僅可以讓整個餐桌的視覺感受變得更豐富多彩，還可以在軟嫩Q彈的燉飯中吃到海洋風味。來試試用墨魚汁做點蕾絲瓦片當裝飾，一起端上桌吧！

分 量 ： 2 人 份 (SERVING:2Person)

材料 INGREDIENT

墨魚魚身 1條

米 1杯

洋蔥 1/4顆

奶油 2大匙

橄欖油、鹽、胡椒
適量

鮮奶油 1杯

雞高湯 4～5杯
（作法參考P84）

墨魚汁 2小匙

巴西里 1株

墨魚汁蕾絲瓦片
（作法參考P285）

料理步驟 HOW TO COOK

1.準備材料

－墨魚洗淨、用餐巾紙將表皮擦乾之後劃出刀痕，切成正四
　角形。

－把洋蔥去頭尾及外皮，切丁。

－將雞高湯弄熱備用。

2.烹調

－平底鍋中放入一大匙奶油翻炒墨魚，之後另外盛盤。

－用寬一點的平底鍋放入橄欖油和一大匙奶油，稍微把洋蔥
　炒過，再加米翻炒到顏色變得透明。

－等米變得透明時，倒入3～4勺雞高湯。

－過程中隨時攪拌。（反覆加高湯、攪拌直到熟透。）

－等米幾乎完全熟透時，加入鮮奶油和墨魚汁熬煮收汁。

－最後用鹽和胡椒調味。

3.擺盤

－將燉飯盛到盤子中。

－上面放上炒過的墨魚，用墨魚汁蕾絲瓦片和切碎的巴西里
　裝飾即完成。

Veg Peeler
擺盤時非常好用的削皮器

我們在家裡常看到用來去除蔬果表皮的削皮器，在擺盤的時候非常好用！可以把小黃瓜、紅蘿蔔、櫛瓜等食材削成又長又薄的片狀，也可以用來削帕瑪森起司，演繹跟刨刀削出來的起司絲完全不同的效果。

就像這樣，擺盤時其實不一定需要用到專業的特殊器材。只要活用廚房基本的工具，就可以依照個人喜好做出獨特又好看的料理裝飾。

Bacon Cream Barley Risotto
培根奶油大麥燉飯

只要將培根放進平底鍋煎到金黃酥脆，就能刺激食欲、讓人垂涎欲滴，這也是非常適合用來搭配燉飯的食材。在這道料理中，我用大麥取代原本的白米，做出來的燉飯咀嚼口感絕對會讓你覺得驚艷、有趣！想要來點特別的燉飯，這道料理一定是你的不二選擇。

分量 ： 2 人 份 (SERVING:2Person)

材料 INGREDIENT

培根 3片

大麥 1杯

洋蔥 1/4 顆

橄欖油、鹽、胡椒
適量

帕瑪森起司 1/2杯

鮮奶油 1杯

雞高湯 4～5杯
（作法參考P84）

工具 TOOL

削皮器（削皮刀）

料理步驟 HOW TO COOK

1.準備材料

－培根切成細條狀。

－洋蔥去頭尾及外皮，切成碎末。

－用削皮器將帕瑪森起司盡可能削成有厚度的長形片狀。

－將雞高湯加熱備用。

2.烹調

－用寬一點的平底鍋將培根翻炒到表面酥脆，另外盛盤。

－在同一個平底鍋倒入橄欖油，加洋蔥翻炒，炒到顏色變得透明。

－等洋蔥變得透明時，放入大麥一起翻炒，並倒入3～4勺的雞高湯。

－過程中隨時攪拌。（反覆加高湯、攪拌直到熟透。）

－等大麥幾乎完全熟透時，加入鮮奶油熬煮收汁。

－最後加入炒過的培根拌勻，用鹽和胡椒調味。

3.擺盤

－將燉飯盛到盤子中。

－撒上帕瑪森起司裝飾即完成。

Blooming Sunflower
向日葵盛開的日子

　　每到夏天，濟州島各個地方都可以看見盛開的向日葵。

　　當我越過濟州島的石牆，看見向日葵形成一叢叢的黃金樹林，嘴角就會不自覺綻放出燦爛的微笑。不論是自己一個人靜靜地欣賞向日葵，或是跟心愛的人一起拍下這美麗的瞬間，在向日葵花海中，每個人都可以化身為名畫的主角。

　　向日葵也是我最喜歡的花，每次到了向日葵盛開的時候，我都會到附近的農場親身感受，也會自己摘些向日葵回家。我想，可能是向日葵中也蘊含著太陽的溫暖吧？一小束簡單的向日葵花束，也能讓枯燥無味的餐桌充滿生命力。

07. Brunch & Snack

早午餐 & 點心

Brunch Mash Up

Bechamel Sauce

Croque Monsieur

Scallops Gratin

Bacon Potato Tartine

Ricotta Cheese Fruit Tartine

King Oyster Mushroom Tartine

Grilled Camembert Cheese

Bacon Spinach Scrambled Egg

Spinach Flat Bread

Tomato Sauce Cabbage Bacon Roll

Hashed Potatoes

French Toast

Snow Ball Lemon Fruit

Brunch Mash Up
早午餐混搭法

Sweet & Savory 甜食＆鹹食

在設計早午餐菜單的時候，通常我都會一併融入甜食點心和鹹食料理。因為每個人的喜好都不一樣，如果口味太單一，很容易就會覺得膩，不論在什麼狀況下都是如此。我也會建議在規劃菜單時，除了個人喜歡的甜味、鹹味、酸味或辣味等食譜之外，也要準備味道不同的料理，增添多樣化的味覺層次，不要只保留同一種口味。

Mix & Match 混合＆搭配

如果是比較休閒的場合，就不是非得要一件不漏地用到整套西餐餐具（cutlery）。視出菜菜色搭配，隨性混搭餐具，反而可以讓整個餐桌的用餐氣氛更為時尚。

Bechamel Sauce
基礎白醬

　　白醬是法式料理基本母醬（Mother Sauce）的其中之一，可以運用在法式三明治、塔丁（開放式三明治）、濃湯等各種料理中。在白色麵糊（White Roux，用 1：1 比例的麵粉與奶油下鍋炒過）中，加入牛奶燉煮而成。一次煮好可以放冷藏，可保存約一個禮拜的時間。

分量：2 人份 (SERVING:2Person)

材料 INGREDIENT

低筋麵粉 50克
奶油 50克
牛奶 500毫升

料理步驟 HOW TO COOK

1.準備材料
—將低筋麵粉過篩之後備用。

2.烹調
—在湯鍋中放入奶油，使其融化。
—等奶油融化之後立刻加入麵粉翻炒，做出白色麵糊。這時要留意，不要煮到面糊變色。
—製作好白色麵糊之後，加入牛奶均勻攪散。
—不斷攪拌均勻，直到濃度變得濃稠。

低筋麵粉一定要過篩之後再使用，才能均勻融在醬汁中，不會出現結塊的情形。
在做白色麵糊時，重點是不要煮到變色，這部分並不容易。
要訣在於當奶油一融化，變色前就要放入麵粉快速攪拌；
如果發現快變色，可以將鍋子離火，攪拌後再放回爐上。
基礎白醬保存時，一定要用保鮮膜將醬汁表面密封起來，醬汁才不會出現一層膜。

Croque Monsieur
法式火腿起司三明治

　　法語裡「Croque」是酥脆，「Monsieur」是先生，合起來就是法式火腿起司三明治——「酥脆先生」（Croque Monsieur）。我還在上班時，法式火腿起司三明治可以說是我的靈魂糧食。一杯香濃的咖啡，再咬上一口熱熱的三明治，就會覺得之前累積的疲勞都消失了。現在也能帶給我滿滿小確幸的法式三明治，只要加上濃郁白醬，就是一道簡單美味的早午餐。

分量 ： 2 人 份 (SERVING:2Person)

材料 INGREDIENT

土司 4片

火腿切片 2片

切達起司 2片

莫札瑞拉起司
1/2杯

巴西里末 1大匙

醬汁 SAUCE

白醬 6大匙
（作法參考P303）

料理步驟 HOW TO COOK

1.準備材料

－將烤箱預熱到200℃；或以200℃加熱10分鐘。

2.烹調

－將每片土司的其中一面均勻塗上白醬。

－用土司－火腿－起司－土司的順序輪流交疊。

－在土司上面擺上莫札瑞拉起司，放入烤箱中，以200℃烤
7～8分鐘。

3.擺盤

－法式火腿起司三明治拿出烤箱之後，撒上巴西里末。

－對半切開後，上桌時讓裡面的起司和火腿清楚呈現。

沒有烤箱的話，可以用有鍋蓋的平底鍋代替。
在平底鍋中放入奶油，再放上法式火腿起司三明治。
接著蓋上鍋蓋，轉小火煎到起司融化。
法式火腿起司三明治一定要趁熱吃，才能享受到它的美味。
如果已經事先做好，可以在吃之前用微波爐加熱1～2分鐘更好吃。

Scallops Gratin
香濃奶油白醬扇貝

　　口感柔軟、外觀看起來像是鮮奶油的白醬，非常適合用來搭配海鮮料理。稍微煎過一下的扇貝，淋上滿滿的奶油白醬放進烤箱，烤出來的焗燒（Gratin）料理可以讓你喝杯紅酒，也可以配上麵包當成一頓正餐享受。如果不想用扇貝，也可以用鮮蝦或馬鈴薯代替，做出美味焗燒料理。

分 量 ： 2 人 份 (SERVING：2 Person)

材料 INGREDIENT

扇貝 10～12顆

洋蔥 1/4顆

磨碎的帕瑪森起司
3大匙

巴西里末 1大匙

奶油 2大匙

鹽、胡椒 適量

醬汁 SAUCE

白醬 1杯
（作法參考P303）

料理步驟 HOW TO COOK

1.準備材料

－烤箱預熱到240℃；或以240℃加熱10分鐘。

－把扇貝側面的薄膜去除之後，用餐巾紙將水分完全擦乾。

－洋蔥去頭尾及外皮，切成細條狀。

2.烹調

－平底鍋中放入奶油，翻炒洋蔥，接著用鹽和胡椒調味。

－將炒過的洋蔥盛到烤盤中。

－用同一個平底鍋，再次放入奶油煎扇貝。扇貝如果煎得過久，口感就會太韌，所以兩面各稍微煎1分鐘即可。

－用鹽和胡椒調味。

－把熟透的扇貝放到洋蔥上。

－最上面再倒入白醬和帕瑪森起司，放入烤箱用240℃烤3～5分鐘。

3.擺盤

－從烤箱拿出來後，撒上巴西里末即完成。

Bacon Potato Tartine
培根馬鈴薯塔丁

　　法語中的塔丁（Tartine）意思是「麵包片」，也是指在麵包片上堆疊上蔬菜、起司、火腿等各種食材的開放式三明治。這道培根馬鈴薯塔丁，絕對是能讓人飽餐一頓的料理。除了馬鈴薯及培根，也可以把自己喜歡的食材像是花椰菜、菇類、香腸等炒一炒之後加進去。搭配上白醬，可以讓麵包口感更柔軟、香氣濃郁。

分 量 ： 2 ～ 3 人 份 (SERVING:2～3Person)

材料 INGREDIENT

法式長棍 6～8片

馬鈴薯 2顆

培根 2片

莫札瑞拉起司
1/2杯

巴西里末 1大匙

橄欖油、鹽、胡椒
適量

醬汁 SAUCE

白醬 6～8大匙
（作法參考P303）

料理步驟 HOW TO COOK

1.準備材料
— 將烤箱預熱到200℃；或以200℃加熱10分鐘。
— 把法式長棍麵包切成1.5公分的厚片。
— 馬鈴薯洗淨、去皮，切成細條狀，用水沖洗過一次。
— 培根切成細條狀。

2.烹調
— 平底鍋中倒入橄欖油燒熱，將培根拌炒過。
— 加入馬鈴薯翻炒，用鹽和胡椒調味後取出。
— 在長麵包片的其中一面塗上白醬。
— 接著放上培根炒馬鈴薯，及莫札瑞拉起司。
— 放入200℃的烤箱中烤10分鐘至表面金黃上色。

3.擺盤
— 從烤箱拿出來後，在塔丁上面撒上巴西里末收尾即完成。

Ricotta Cheese Fruit Tartine
瑞可塔起司水果塔丁

　　如果説以白醬為基底的培根馬鈴薯塔丁是一道可以當成正餐的料理，那麼瑞可塔起司水果塔丁就是一道出色的甜點食譜。運用當季的各種水果，就能做出充滿甜蜜滋味的水果塔丁。幸虧有各色水果讓我省下許多擺盤功夫，它們本身就是最美麗的擺盤配色！

分 量 ： 4 ～ 5 人 份 (SERVING:4～5Person)

材料 INGREDIENT

法式長棍 10片

瑞可塔起司 1/2杯
（作法參考P48）

各種不同的水果

去皮奇異果 1顆

去皮香蕉 1條

去皮杏桃 2顆

葡萄 10粒

藍莓 1/4杯

石榴籽 2大匙

杏仁片 2大匙

蜂蜜 4大匙

料理步驟 HOW TO COOK

1.準備材料

－把法式長棍麵包切成1.5公分的厚片。

－奇異果、香蕉、杏桃切成薄片。將無籽葡萄對半切開。

2.烹調

－用乾鍋將麵包片的兩面煎到呈現金黃色。

－煎過的麵包片塗上瑞可塔起司。

－在起司上面放上水果和杏仁片。

－淋上蜂蜜即完成。

需要運用各種不同顏色的水果，畫面結構看起來才會更具美感。

如果用馬斯卡彭起司（mascarpone）取代瑞可塔起司，口感會更柔軟、滋潤。

King Oyster Mushroom Tartine
杏鮑菇塔丁

　　我第一次吃到塔丁（Tartine），是在巴黎街頭的一間小餐館。整道料理非常簡單，只是把炒過的菇類和起司放上酥脆的麵包，再來杯令人身心舒暢的紅酒，就讓我覺得自己好像置身仙境。後來我自己想小酌一下、需要來道下酒菜時，就會用杏鮑菇來做塔丁料理。簡單、快速，又極度美味。

分 量 ： 2 人 份 (SERVING:2Person)

材料 INGREDIENT

土司 2片
杏鮑菇 1朵
洋蔥 1/4顆
奶油 1大匙
帕瑪森起司 2大匙
巴西里末 1小匙
橄欖油、鹽、胡椒
適量

料理步驟 HOW TO COOK

1.準備材料
－將土司切成4等分。
－杏鮑菇直切成薄片。
－洋蔥去頭尾及外皮，切成碎末。
－用削皮刀將帕瑪森起司盡可能削成有厚度的長形片狀。

2.烹調
－平底鍋中放入奶油，將土司煎到呈現金黃色。
－另一個平底鍋倒入橄欖油翻炒洋蔥，再放杏鮑菇一起炒。
－用鹽和胡椒調味。

3.擺盤
－煎過的土司上面先放上杏鮑菇片，接著放上帕瑪森起司和
　巴西里末即完成。

Grilled Camembert Cheese
烤卡門貝爾起司

　　法國美食評論家布里亞－薩瓦蘭（Brillat-Savarin）曾說：「缺了起司的一餐，如同失去了一眼的美女。」我自己也非常喜歡起司，常把起司放進烤箱裡稍微烤一下就拿來享用，然後搭配上清香的堅果及甜甜的蜂蜜，它們和微鹹起司就是天生絕配！這是我享受起司的幸福祕訣。

分 量 ： 2 ～ 3 人 份 (SERVING：2～3Person)

材料 INGREDIENT	料理步驟 HOW TO COOK
卡門貝爾起司 1個 綜合堅果 1/4杯 蜂蜜 3大匙	－用刀將起司切成8等分。 －放入預熱到200℃ 的烤箱，烤15分鐘左右，讓起司融化變得柔軟。 －從烤箱中拿出來之後，撒上堅果、淋上蜂蜜即可上桌。

不一定要使用卡門貝爾起司也沒關係。選用自己喜歡的起司就可以了。

Bacon Spinach Scrambled Egg
培根菠菜炒蛋

想要有個完美的週末早晨，就需要來點非常柔嫩的炒蛋，和一杯熱咖啡。這道菜再配上烤土司和各種果醬會更完美。為了付出一週辛勞的自己，準備熱熱的一餐溫暖自己的心吧！

分 量 ： 2 人 份 (SERVING:2Person)

材料 INGREDIENT	料理步驟 HOW TO COOK
雞蛋 4顆	**1. 準備材料**
培根 2片	—用打蛋器將雞蛋均勻打散。
嫩菠菜 1/2包	—培根切成細條狀。
（50克）	—切掉菠菜的根莖之後留下葉片，洗淨，再用水浸泡。
鮮奶油或牛奶 2大匙	
奶油 2大匙	**2. 烹調**
鹽、胡椒 適量	—在乾鍋中放入培根翻炒之後另外盛盤。
	—用同一個平底鍋讓奶油融化，倒入打散的蛋。
	—倒入蛋液之後靜置30秒左右，再開始攪拌。
	—等蛋液約一半的量開始凝固時，放入菠菜一起拌炒。
	—等蛋變熟、呈現乳狀時，加入鮮奶油，熄火。
	—用鹽和胡椒調味之後，放入炒熟的培根攪拌均勻。
	—用非常輕的力道，將還留有一點蛋液的炒蛋裝到盤子中。

即使鍋子離開火源，雞蛋還是會因為殘餘的熱氣而變得更熟，
所以必須在還留有一點蛋液的狀態下裝到盤子裡，才能享受到更柔嫩的炒蛋。

Spinach Flat Bread
西班牙菠菜薄餅

　　墨西哥薄餅（Tortilla）是我在家裡做菜時非常好用的一項食材。可以用薄餅包進自己喜歡的食材來吃，也可以像披薩一樣放上各種材料來享受。這道西班牙菠菜薄餅，會放上稍微煎過的菠菜、培根和帕瑪森起司等食材。可以當早午餐，小酌幾杯啤酒時也是很好的下酒菜。

分 量 ： 2 人 份 (SERVING:2Person)

材料 INGREDIENT

墨西哥薄餅 3片
菠菜 1包（100克）
洋蔥 1/2顆
培根 4片
帕瑪森起司粉
6大匙

醬汁 SAUCE

原味優格 3大匙
美乃滋 3大匙

料理步驟 HOW TO COOK

1.準備材料
—將菠菜洗淨，根部切除之後，每株葉片一片片剝開。
—洋蔥去頭尾及外皮，切成碎末。
—培根切成0.5公分寬度的條狀。
—將優格和美乃滋攪拌均勻做成醬汁。

2.烹調
—平底鍋中不用放油，將墨西哥薄餅煎到呈現金黃色。
—用另一平底鍋把培根和洋蔥各別翻炒過。
—墨西哥薄餅盛到盤子上，塗上滿滿的醬汁。
—先擺上菠菜，再將培根和洋蔥像是用撒的一樣放上。
—最後撒上帕瑪森起司粉即完成。

3.擺盤
—切成方便入口的大小，和其餘的帕瑪森起司粉一起上桌。

Tomato Sauce Cabbage Bacon Roll
番茄醬汁白菜培根卷

　　番茄醬汁白菜培根卷是我在啤酒派對時準備的下酒菜。這其實是我看到某道將薄切豬肉片包進高麗菜中，用番茄醬汁熬煮的義大利菜之後，自己變換一下食材的料理。改用培根的話，就能更輕鬆享受到美好滋味。

分 量 : 2 人 份 (SERVING:2Person)

材料 INGREDIENT
培根 4～8片
嫩大白菜 8片

醬汁 SAUCE
番茄醬汁 1杯
（作法參考P241）
特級初榨橄欖油
1大匙

料理步驟 HOW TO COOK

1.**準備材料**
－烤箱預熱到200℃；或以200℃加熱10分鐘。
－嫩大白菜洗淨，切除根部後，放入耐熱袋中用微波爐微波3分鐘。微波到嫩大白菜稍微變軟即可。
－將4片培根對半切成兩段。如果是厚度比較薄的培根就不用切開，而是需要直接準備8片。

2.**烹調**
－白菜上面擺上培根捲起來。
－烤箱用的碗盤中塗上番茄醬汁，放入培根白菜卷。因為白菜會出水，所以建議番茄醬汁只要加到一半就好。
－放入烤箱用200℃烤15分鐘。

3.**擺盤**
－從烤箱中拿出來後，在番茄醬汁白菜培根卷灑上特級初榨橄欖油即完成。

Hashed Potatoes
辣醬馬鈴薯丁

想要整理冰箱內的食材時,我就會做這道辣醬馬鈴薯丁。這道料理的重點在於半熟的荷包蛋和辣醬,非常適合很多人聚在一起享受早午餐時上桌。是會讓客人「哇!」地一聲、驚呼連連的美味料理。

分量 : 2 人 份 (SERVING:2Person)

材料 INGREDIENT

馬鈴薯 2顆
香腸 2條
去皮洋蔥 1顆
去籽青椒 1顆
雞蛋 2顆
橄欖油、鹽、胡椒
適量

醬汁 SAUCE

Tabasco辣醬
2大匙

料理步驟 HOW TO COOK

1.準備材料
—香腸、洋蔥、青椒都切成0.7公分寬的四方形。
—馬鈴薯的外皮洗淨、切成0.5公分寬的丁狀後,用水沖掉澱粉質。馬鈴薯熟透需要花比較久的時間,所以建議切得稍微小一點。

2.烹調
—平底鍋中倒入橄欖油翻炒馬鈴薯,之後依序放入洋蔥、青椒、香腸一起拌炒。
—用鹽、胡椒和辣醬調味。如果不太能吃辣,可以將辣醬的分量減半。
—最後先預留要放雞蛋的位置,打入雞蛋之後用小火煮熟。

3.擺盤
—直接將整個平底鍋上桌即完成。
—加入蔬菜一起享用,滋味也非常棒。

French Toast
法式土司

　　運用稍微變乾的土司做出來的一道料理。選用富含奶油的布理歐（Brioche）土司來製作，就能品嘗到更柔軟、香氣四溢的法式土司。搭配蜂蜜和新鮮水果一起享用，絕對不輸飯店準備的精緻早餐。

分量 ： 2 人 份 (SERVING:2Person)

材料 INGREDIENT

土司 4片
雞蛋 4顆
鮮奶油 1杯
砂糖 3大匙
草莓 6～8顆
藍莓 1/2杯
蜂蜜 1/2杯
奶油 4大匙

裝飾 DECORATING

糖粉 3大匙
（自由添加）
小的篩網

料理步驟 HOW TO COOK

1.準備材料
—將雞蛋、鮮奶油和砂糖攪拌均勻成蛋糊。
—草莓直切成1/4的大小。

2.烹調
—把每片土司泡入蛋糊中，等土司的一面完全吸收後，將另一面也均勻裹上蛋糊。
—在平底鍋中融化奶油，用中火把土司兩面煎到金黃。當一片土司一放平底鍋時，就立刻將另一片泡入蛋糊，均勻沾上蛋液。
—重複前兩個步驟，將每片土司煎過。
—熟透的土司放上餐巾紙，去除部分油脂。

3.擺盤
—把土司擺上盤子，再堆疊上草莓和藍莓。
—運用篩網，一點一點地撒上糖粉即完成。
—將蜂蜜裝入醬碟中，一起上桌。

Snow Falling on Fruit
落在水果上的雪

　　雖然我不是甜點控，不過偶爾看到用各種水果裝飾的蛋糕或是甜點，心情也會變好。而且如果看到各色水果上撒著白色的粉，我就會聯想到下著雪的聖誕節，像是陷入戀愛的少女一樣笑得開懷。後來我才知道，那些白色的粉大多都是糖粉。只要有細緻的糖粉和小小的篩網，我也能立刻在水果上下一場「雪」。你想嘗嘗水果料理或做甜點時也這樣試試吧！絕對會讓你的嘴角綻放出笑容。

THE COOK'S ATELIER

DINING IN   ALISON ROMAN

First We Eat

donna hay

...ames Party STREAD

Cooking Inspiration
料理靈感

懂得料理的人，不會獨自料理。就算是再怎麼喜歡一個人做事的廚師，也會參照過去廚師、現代廚師的忠告，在食譜作家們的智慧基礎之上料理。

－蘿利，柯文 Laurie Colwin

　　我算是大家公認的超級努力派。去料理學校上課時，其中最讓我驚訝的是，有些人天生就有辦法做出層次非常豐富的味道。還有一些朋友不用另外學習，也有很強的藝術感。不過非常可惜，我從來都不屬於那一群人。也因為這樣，所以我總是到各地找更多老師學習、讀更多書，也做更多烹飪的練習。

　　從在田裡種植食材的農夫們，到各領域的專業主廚、各國料理的研究者、以好手藝聞名的鄰居長輩等等，在探索料理的過程中，我從許多人身上獲得靈感。即使是人數很少的團隊，在我親身體驗合作無間的廚房工作那一刻，都讓我整個人充滿了讓生活更豐富的智慧。

　　出於這原因讓我開始著手寫下料理書，就像我從許多人身上獲得靈感一樣，我也希望大家能從這本書獲得靈感，做出幸福的料理。更貪心一點的話，我還期盼獲得靈感的讀者們也能運用自己喜歡的食材、找到更有趣的方法，依照個人的偏好享受烹飪這件事。但願所有人都能透過各種不同的嘗試，研發出令人驚艷的好味道與設計美感。為了親愛的家人、朋友，也為了自己。相信料理會讓我們原本平凡的生活，化為最特別的瞬間。

－ 2018 年，鄭悧娜

台灣廣廈 國際出版集團
Taiwan Mansion International Group

國家圖書館出版品預行編目（CIP）資料

Eat! at home 今天, 做西餐吧!: 藍帶大廚教你只需簡單備料、烹
調、擺盤,新手也能快速端出餐廳級的家庭饗宴 /鄭悧娜作；丁
睿俐翻譯. -- 初版. -- 新北市：台灣廣廈, 2019.07
　　面；　公分.
　ISBN 978-986-130-435-9
　1.烹飪 2.食譜
　427.12　　　　　　　　　　　　　　　　　108007718

台灣
廣廈

Eat! at home 今天，做西餐吧！
藍帶大廚教你只需簡單備料、烹調、擺盤，新手也能快速端出餐廳級的家庭饗宴

作　　　者／鄭悧娜　　　　編輯中心編輯長／張秀環・編輯／彭翊鈞
攝　　　影／金太訓　　　　封面設計／曾詩涵・內頁排版／菩薩蠻數位文化有限公司
翻　　　譯／丁睿俐　　　　製版・印刷・裝訂／東豪・弼聖・秉成

行企研發中心總監／陳冠蒨　　　媒體公關組／陳柔彣
　　　　　　　　　　　　　　　綜合業務組／何欣穎

發　行　人／江媛珍
法 律 顧 問／第一國際法律事務所 余淑杏律師・北辰著作權事務所 蕭雄淋律師
出　　　版／台灣廣廈
發　　　行／台灣廣廈有聲圖書有限公司
　　　　　　地址：新北市235中和區中山路二段359巷7號2樓
　　　　　　電話：（886）2-2225-5777・傳真：（886）2-2225-8052

代理印務・全球總經銷／知遠文化事業有限公司
　　　　　　地址：新北市222深坑區北深路三段155巷25號5樓
　　　　　　電話：（886）2-2664-8800・傳真：（886）2-2664-8801
郵 政 劃 撥／劃撥帳號：18836722
　　　　　　劃撥戶名：知遠文化事業有限公司（※單次購書金額未達1000元，請另付70元郵資。）

■出版日期：2019年07月　　■初版2刷：2021年11月
ISBN：978-986-130-435-9　　版權所有，未經同意不得重製、轉載、翻印。